Mario Vallorani

INTEGRAZIONE

DI

FUNZIONI REALI

DI

UNA VARIABILE REALE

ANALISI MATEMATICA
A PORTATA DI CLIC

*a John Valenti,
un caro amico
italoamericano*

4

Indice

Prefazione		v
1 Concetti vari		**1**
1.1	Alcune definizioni di base	1
1.2	Insiemi numerabili e loro proprietà	3
1.3	Due teoremi sugli insiemi	7
1.4	Decomposizione di un intervallo chiuso e limitato	9
1.5	Problema della misurabilità degli insiemi e teorie della misura	13
1.6	Teoria della misura secondo Peano-Jordan	14
1.7	Insiemi limitati di misura nulla	19
1.8	Insiemi illimitati misurabili	22
1.9	Proprietà degli insiemi J-misurabili	23
1.10	Come calcolare la misura di un insieme misurabile E limitato o illimitato	24
1.11	Commento alla teoria della misura di Peano-Jordan . . .	28
1.12	Teoria della misura secondo Lebesgue	30
1.13	Proprietà degli insiemi L-misurabili	34
1.14	Relazione tra insiemi J-misurabili e insiemi L-misurabili .	35
1.15	Insiemi L-misura nulla	38
1.16	Punti singolari e punti di discontinuità di una funzione .	40
1.17	I simboli $-\infty$ e $+\infty$ nel ruolo di punti singolari per una funzione	44
1.18	Funzioni generalmente continue	47
1.19	Esempi di funzioni generalmente continue	49

1.20	Funzioni continue a tratti	51
1.21	Funzioni monotòne e loro punti singolari	52
1.22	Operazione d'integrazione indefinita	53

2 Teoria dell'integrazione secondo Riemann per funzioni reali di una variabile reale   57

2.1	L'idea di fondo	57
2.2	Teoria dell'integrazione secondo Riemann	58
2.3	Criterio di integrabilità di Riemann	64
2.4	Criterio di integrabilità di Lebesgue-Vitali	70
2.5	Proprietà degli integrali	74
2.6	Commenti al teorema 2.14	79
2.7	Ampliamento della famiglia $\mathfrak{F}_R$ di funzioni inizialmente fissata da Riemann	80
2.8	Interpretazione geometrica dell'integrale	82
2.9	Integrali definiti	85
2.10	Funzioni integrali e primitive	88

3 Tecniche per la ricerca delle primitive delle funzioni continue   97

3.1	Riassunto di quanto sappiamo già sulle primitive	97
3.2	La famiglia $\mathfrak{F}_E$	99
3.3	Funzioni elementarmente integrabili, tabella degli integrali fondamentali e tabella generalizzata	101
3.4	Proprietà delle primitive	108
3.5	Uso della tabella generalizzata	111
3.6	Metodo d'integrazione per decomposizione in somma	118
3.7	Una famiglia di funzioni elementarmente integrabili: quella delle funzioni razionali	120
3.8	Calcolo degli integrali (3.14)	122
3.9	Calcolo delle costanti e dei coefficienti del polinomio $T(x)$ che compaiono nella formula di Hermite	125
3.10	Alcune osservazioni circa la costruzione della formula di decomposizione di Hermite	126

3.11 Metodo d'integrazione per parti 132
3.12 Metodo d'integrazione per sostituzione 143
3.13 Una notazione in uso 146
3.14 Alcuni tipi di funzioni irrazionali ad integrale indefinito razionalizzabile 147
3.15 Alcuni tipi di funzioni trascendenti ad integrale indefinito razionalizzabile 153
3.16 Metodo di sostituzione nel calcolo degli integrali definiti . 160
3.17 Commento alla teoria dell'integrazione di Riemann . . . 162

4 Teoria dell'integrazione per funzioni reali di una variabile reale generalmente continue · 165

4.1 Relazione tra le famiglie di funzioni $\mathfrak{F}_R$ e $\mathfrak{F}_G$ 165
4.2 Linea programmatica dell'esposizione del procedimento di associazione 167
4.3 "Procedimento di associazione" per le funzioni della prima sottofamiglia di $\mathfrak{F}_G$ 168
4.4 L'operazione di limite come strumento di calcolo degli integrali 173
4.5 Esempi di funzioni generalmente continue a valori non negativi e calcolo di loro integrali 175
4.6 Proprietà degli integrali delle funzioni generalmente continue a valori non negativi 184
4.7 "Procedimento d'associazione" per le funzioni appartenenti alla seconda sottofamiglia di $\mathfrak{F}_G$ 186
4.8 "Procedimento d'associazione" per le funzioni appartenenti alla terza sottofamiglia di $\mathfrak{F}_G$ 189
4.9 Accettabilità della definizione (4.19) 193
4.10 Conclusioni circa l'integrabilità delle funzioni generalmente continue e calcolo dei loro integrali 195
4.11 Esempi di funzioni generalmente continue a valori di segno qualunque e calcolo dei loro integrali se integrabili 198
4.12 Funzioni sommabili e proprietà dei loro integrali. Criteri di sommabilità 209

4.13 Uso dei teoremi enunciati per riconoscere la sommabilità di una funzione 218
4.14 Verifica dell'accettabilità del "procedimento di associazione" adottato e coordinamento tra le due teorie dell'integrazione 220
4.15 Relazione tra le due teorie dell'integrazione 223
4.16 Come si riconosce se una funzione generalmente continua è integrabile 226
4.17 Funzioni generalmente continue non integrabili e loro integrali impropri (o generalizzati) 227
4.18 Integrali impropri di particolare interesse 232

Prefazione

Questo libro fa parte della collana "Analisi matematica a portata di clic" costituita dai seguenti volumi:

- **Funzioni reali di una variabile reale**
- **Limiti e continuità**
- **Derivabilità, diagrammi e formula di Taylor**
- **Numeri complessi, polinomi, funzioni algebriche**
- **Integrazione di funzioni reali di una variabile reale**
- **Esercizi di calcolo di integrali e studio delle funzioni integrali (in via di redazione)**
- **Successioni e serie numeriche**

Parte del materiale in essi contenuto lo preparai quando dirigevo una sezione sperimentale per l'insegnamento della matematica presso la Facoltà di Ingegneria della "Universidad Central de Venezuela" in Caracas.
Visto il buon risultato che ottenni, ho pensato di fare una cosa utile agli Studenti delle nostre Facoltà universitarie pubblicando questo materiale in italiano.

La caratteristica di questi libri è di esporre i concetti senza fare un grande uso di simboli. Sono infatti convinto che la difficoltà, che la maggior parte degli Studenti del primo anno incontra, sta nel fatto che non riesce a recepire i concetti espressi per mezzo di formule, non avendo ancora sufficiente dimestichezza con tale tipo di linguaggio.

Nella loro redazione ho consultato molti testi di Analisi Matematica in uso presso le nostre Università dai quali ho anche colto lo spunto per qualche dimostrazione ed ho preso qualche esempio particolarmente calzante.

I libri della collana, nel loro complesso, coprono abbondantemente il programma di Analisi Matematica 1 delle nostre Università e, da quando sono stati pubblicati, hanno aiutato tanti "Studenti in difficoltá" a superare il suddetto esame.

Mi auguro che, ora che sono "a portata di clic", ne aiutino un numero sempre maggiore.

* * *

Il libro è suddiviso in quattro capitoli.

Nel *Capitolo* 1 vengono richiamati vari concetti riguardanti gli *insiemi di numeri reali* e le *funzioni reali di una variabile reale*.

Soprattutto viene impostato il *problema della misura di un insieme di numeri reali*, calcando la mano sulla definizione di *insieme di misura nulla* secondo Riemann e secondo Lebesgue.

Nel *Capitolo* 2 viene esposta la *teoria dell'integrazione secondo Riemann* per funzioni reali di una variabile reale.

Nel *Capitolo* 3 vengono illustrati i *metodi d'integrazione indefinita*.

Nel *Capitolo* 4 viene esposta la *teoria dell'integrazione* per le *funzioni reali di una variabile reale generalmente continue*.

Per contenere la mole del libro entro limiti ragionevoli, non abbiamo posto esercizi da risolvere.

Successivamente verrà pubblicato il libro "Esercizi di calcolo di integrali e studio delle funzioni integrali" che attualmente è in via di redazione.

Ringrazio i professori Massimo Balena e Mariano Pierantozzi per gli scambi di idee avuti durante la redazione, il professor Andrea Cittadini Bellini per aver curato al grafica del libro e l'ingegner Tomassino Pasqualini per averlo informatizzato.

L'autore

Capitolo 1
Concetti vari

In questo capitolo vogliamo introdurre tutti quei concetti che ci serviranno per esporre in forma agile e sintetica la *teoria dell'integrazione di Riemann e quella delle funzioni generalmente continue*.

Prima di iniziarne la lettura, consigliamo lo Studente di riguardare:

- i capitoli 1 e 2 del libro "Funzioni reali di una variabile reale";

- il capitolo 1 del libro "Limiti e continuità";

- il capitolo 1 del libro "Successioni e serie numeriche".

1.1 Alcune definizioni di base

Quando si ha a che fare con un insieme i cui elementi sono a loro volta insiemi, onde evitare una spiacevole cacofonia si utilizza a volte, come sinonimo di *insieme* la parola *famiglia* e di *sottoinsieme*, *sottofamiglia*; si parla quindi di *famiglia di insiemi* invece che di *insieme di insiemi* e di *sottofamiglia di una famiglia di insiemi* invece che di *sottoinsieme di un insieme di insiemi*.

Nel seguito, per denotare una *famiglia di insiemi*, utilizzeremo una lettera maiuscola dell'alfabeto italiano racchiusa tra parentesi graffe, cioè scriveremo $\{A\}$, $\{B\}$, $\{H\}$, ... ove la lettera denota il generico insieme della famiglia.

Le famiglie di insiemi, al pari di ogni altro insieme, possono essere *finite* o *infinite*.

Se una famiglia $\{H\}$ è *finita* e n è il numero degli insiemi che la costituiscono, a volte verrà denotata con $\{H_1, H_2, \ldots, H_n\}$ invece che con $\{H\}$.

Ciò premesso partiamo con le definizioni!

Definizione di unione degli insiemi di una famiglia
Data una famiglia di insiemi $\{H\}$ si chiama *unione degli insiemi della famiglia* e si denota con il simbolo

$$\bigcup_{H \in \{H\}} H \quad [1] \tag{1.1}$$

l'insieme i cui elementi appartengono ad *almeno* un insieme H della famiglia.

Definizione di intersezione degli insiemi di una famiglia
Data una famiglia di insiemi $\{H\}$ si chiama *intersezione degli insiemi della famiglia* e si denota con il simbolo

$$\bigcap_{H \in \{H\}} H \quad [2] \tag{1.2}$$

l'insieme i cui elementi appartengono a *tutti* gli insiemi H della famiglia.

Definizione di ricoprimento di un insieme
Dato un insieme A ed una famiglia di insiemi $\{H\}$, si dice che gli insiemi della famiglia costituiscono un *ricoprimento* di A (o che la famiglia è un *ricoprimento*

[1 e 2] Tali definizioni generalizzano quelle di *insieme unione* e di *insieme intersezione* date nel libro "Funzioni reali di una variabile reale" nei paragrafi 1.10 e 1.11.

§ 1.2 Insiemi numerabili e loro proprietà 3

di A) se A è sottoinsieme dell'*unione degli insiemi della famiglia*, cioè se ogni elemento di A appartiene ad *almeno* un insieme H della famiglia.

In simboli:
$$A \subseteq \bigcup_{H \in \{H\}} H \qquad (1.3)$$

In particolare se:

1. gli insiemi della famiglia $\{H\}$ sono a due a due *disgiunti*, cioè non hanno elementi comuni

2. nella (1.3) si ha il segno di uguaglianza

allora

si dice che la famiglia $\{H\}$ è una *partizione* di A.

Le *partizioni* di un insieme sono quindi particolari *ricoprimenti* dell'insieme.

Passiamo ora a definire gli *insiemi numerabili*.

1.2 Insiemi numerabili e loro proprietà

Il concetto di funzione invertibile, dato nel libro "Funzioni reali di una variabile reale" ci consente di effettuare un confronto tra le "numerosità" di due insiemi secondo la seguente definizione:

Definizione di equipotenza
Dati due insiemi non vuoti A e B, si dice che essi hanno la *stessa potenza* (o lo *stesso numero cardinale*, o che sono *equipotenti*) se possono essere messi in *corrispondenza biunivoca* cioè se esiste una funzione avente per *dominio* A, *codominio* B e *legge d'associazione* f tale da far corrispondere ad *elementi distinti* di A, *elementi distinti* di B; in simboli:

$$\forall a_1, a_2 \in A \text{ con } a_1 \neq a_2 \Rightarrow f(a_1) \neq f(a_2)$$

Il concetto di equipotenza consente di dare un significato preciso alle locuzioni "insieme finito" ed "insieme infinito" e precisamente:

Definizioni di insieme finito e di insieme infinito
Si dice che un insieme $S \neq \emptyset$ è finito se esiste un numero naturale n tale che l'insieme $I_n = \{1, 2, \ldots, n\}$ è equipotente a S. In caso contrario si dice che S è infinito.

Esempi di insiemi infiniti sono: $\mathbb{N}, \mathbb{Z}, \mathbb{Q}, \mathbb{R}, \mathbb{C}$.

Definizione di insieme numerabile
Ogni insieme equipotente a $\mathbb{N}$ è detto *insieme numerabile* e si dice anche che i suoi elementi costituiscono una *infinità numerabile*.

Diamo ora alcuni teoremi sugli insiemi numerabili.

Teorema 1.1 *Il codominio di ogni successione è finito o numerabile.*

Dimostrazione
Data una successione $\{b_n\}$, se il suo codominio non è finito, si può stabilire una corrispondenza biunivoca tra $\mathbb{N}$ e detto codominio così:

- si pone $a_1 = b_1$;

- tra gli elementi successivi a b_1 si cerca il primo che sia distinto da b_1 e lo si indica con a_2 ;

- tra gli elementi successivi ad a_2 si cerca il primo che sia distinto sia da a_1 che da a_2 e lo si indica con a_3 e così via.

c.v.d.

Teorema 1.2 *L'insieme unione di un insieme finito e di uno numerabile è numerabile.*

La dimostrazione è molto semplice e viene lasciata allo Studente.

Teorema 1.3 *L'insieme unione di un numero finito o di una infinità numerabile di insiemi numerabili è numerabile.*

Dimostrazione
Siano $E_1, E_2, E_3, \ldots$ gli insiemi numerabili considerati. Con i loro elementi, supposti numerati, possiamo formare la seguente tabella:

§ 1.2 Insiemi numerabili e loro proprietà

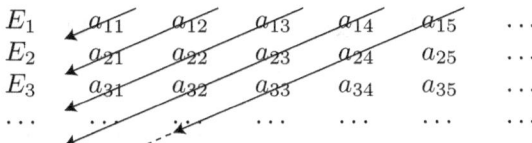

avente un numero finito o infinito di righe ed infinite colonne. Gli elementi dell'insieme unione figurano tutti nella tabella e qualcuno può figurarvi pure più volte però mai nella stessa riga. Poiché possiamo costruire una successione nella seguente maniera:

$$1 \longrightarrow a_{11}$$

$$2 \longrightarrow a_{12}$$

$$3 \longrightarrow a_{21}$$

$$4 \longrightarrow a_{13}$$

$$\ldots \quad \ldots \quad \ldots$$

per il *Teorema 1.1* l'insieme $E_1 \cup E_2 \cup E_3 \cup \ldots\ldots$ è numerabile. **c.v.d.**

Teorema 1.4 *Se E è un insieme numerabile e F un sottoinsieme non vuoto di esso allora F o è finito o è numerabile.*

Dimostrazione
Supponiamo numerati gli elementi di E: $a_1, a_2, a_3, \ldots$. Se F non è finito, possiamo numerarne gli elementi in questo modo:

Se a_{k_1} è il primo elemento di E che appartiene a F, poniamo $b_1 = a_{k_1}$.

Se a_{k_2} è il primo elemento successivo ad a_{k_1} che appartiene a F, poniamo $b_2 = a_{k_2}$.

Proseguendo con tale ragionamento, concludiamo che F è numerabile.

c.v.d.

Il *Teorema 1.4* in sostanza afferma che dato un *insieme numerabile E* ogni suo *sottoinsieme infinito*, essendo *numerabile*, ha la stessa potenza di E.

Per fissare le idee, diamo alcuni esempi di insiemi numerabili.

Esempio 1.1 *Ogni sottoinsieme infinito $\mathbb{N}'$ di $\mathbb{N}$ è numerabile.*

Soluzione
Essendo $\mathbb{N}$ numerabile in quanto ogni insieme è equipotente a se stesso, il *Teorema 1.4* assicura la numerabilità di $\mathbb{N}'$.

Esempio 1.2 *L'insieme $\mathbb{Q}$ è numerabile.*

Soluzione
Se pensiamo $\mathbb{Q}$ come unione di $\mathbb{Q}^+$(insieme dei numeri razionali positivi), $\mathbb{Q}^-$(insiemi dei numeri razionali negativi) e $\{0\}$ e proviamo che $\mathbb{Q}^+$ e $\mathbb{Q}^-$ sono numerabili, il *Teorema 1.3* assicura che lo è anche $\mathbb{Q}^+ \cup \mathbb{Q}^-$ ed il *Teorema 1.2* che lo è $\mathbb{Q}^+ \cup \mathbb{Q}^- \cup \{0\}$ cioè $\mathbb{Q}$. Proviamo ora che $\mathbb{Q}^+$ è numerabile. Ogni numero di $\mathbb{Q}^+$ figura infinite volte nel quadro

$$\frac{1}{1} \quad \frac{2}{1} \quad \frac{3}{1} \quad \frac{4}{1} \quad \frac{5}{1} \quad \frac{6}{1} \quad \cdots$$

$$\frac{1}{2} \quad \frac{2}{2} \quad \frac{3}{2} \quad \frac{4}{2} \quad \frac{5}{2} \quad \frac{6}{2} \quad \cdots$$

$$\frac{1}{3} \quad \frac{2}{3} \quad \frac{3}{3} \quad \frac{4}{3} \quad \frac{5}{3} \quad \frac{6}{3} \quad \cdots$$

$$\cdots \quad \cdots \quad \cdots \quad \cdots \quad \cdots \quad \cdots \quad \cdots$$

Se, come nella dimostrazione del *Teorema 1.3*, costruiamo la successione

$$1 \longrightarrow \frac{1}{1}$$

$$2 \longrightarrow \frac{2}{1}$$

$$3 \longrightarrow \frac{1}{2}$$

$$4 \longrightarrow \frac{3}{1}$$

$$5 \longrightarrow \frac{2}{2}$$

$$\cdots \quad \cdots \quad \cdots$$

§ 1.3 Due teoremi sugli insiemi

Il suo codominio è $\mathbb{Q}^+$ e, per il *Teorema 1.1*, $\mathbb{Q}^+$ è numerabile. In modo del tutto analogo si dimostra la numerabilità di $\mathbb{Q}^-$ e quindi, per quanto abbiamo precedentemente detto, $\mathbb{Q}$ è numerabile.

Gli esempi esaminati non debbono far pensare che tutti gli insiemi infiniti sono numerabili; si prova infatti che l'insieme $\mathbb{R}$ non lo è, ma di questo non ci occuperemo in questo libro.

Particolari insiemi numerabili sono le *famiglie numerabili d'insiemi*.
Se $\{H\}$ è una *famiglia numerabile d'insiemi*, una volta stabilita la *corrispondenza* con $\mathbb{N}$, l'insieme della famiglia che corrisponde al numero naturale i viene denotato con H_i e l'intera famiglia con il simbolo:

$$\{H_i\}_{i\in\mathbb{N}} \quad \text{anziché con} \quad \{H\} \ .$$

Per quanto riguarda poi gli *insiemi unione* ed *intersezione* degli *insiemi dell'intera famiglia*, alle notazioni (1.1) e (1.2) si preferiscono queste altre:

$$\bigcup_{i\in\mathbb{N}}\{H_i\} \tag{1.1'}$$

e

$$\bigcap_{i\in\mathbb{N}}\{H_i\} \tag{1.2'}$$

Diamo ora due teoremi sugli insiemi.

1.3 Due teoremi sugli insiemi

A complemento di quanto abbiamo detto circa gli insiemi di numeri reali nel Capitolo 1 del libro "Limiti e continuità", diamo un paio di teoremi di cui avremo bisogno nel seguito.

Teorema 1.5 *Dato un arbitrario insieme non vuoto $E \subset \mathbb{R}$, la sua frontiera ∂E è un insieme chiuso.*

Dimostrazione
Dobbiamo provare che se x_0 è un punto di accumulazione per ∂E, allora $x_0 \in \partial E$, cioè ad ogni suo intorno $I(x_0, \delta)$ appartengono sia punti di E che punti di $\mathbb{R} - E$.

Poiché x_0 è punto di accumulazione di ∂E all'intorno $I\left(x_0, \frac{\delta}{2}\right)$ appartiene almeno un punto $\overline{x}$ di ∂E.

Essendo $\overline{x}$ punto di frontiera per E, se consideriamo l'intorno $I\left(\overline{x}, \frac{\delta}{2}\right)$, ad esso appartengono sia punti di E che di $\mathbb{R} - E$; siccome l'intorno $I\left(\overline{x}, \frac{\delta}{2}\right)$ è contenuto nell'intorno $I(x_0, \delta)$ concludiamo che a quest'ultimo appartengono sia punti di E che di $\mathbb{R} - E$, quindi $x_0 \in \partial E$.

c.v.d.

Teorema 1.6 *Dato un arbitrario insieme non vuoto A di numeri reali, se:*

A è un insieme aperto
allora

- *o A è un intervallo aperto*

- *o A si può rappresentare come l'unione di una famiglia finita o numerabile di intervalli aperti e disgiunti; tale rappresentazione è unica a prescindere dall'ordine con cui si considerano gli intervalli.*

* * *

Poiché nel capitolo seguente incontreremo le definizioni di

– *insieme di misura nulla secondo Jordan*

– *insieme di misura nulla secondo Lebesgue*

per ben comprendere come mai siano state date due definizioni di *insieme di misura nulla* e le relazioni che esistono tra esse, affrontiamo, sia pure rapidamente, il problema della *misurabilità* degli insiemi di numeri reali.

Cominciamo con il dare la definizione di *decomposizione* di un intervallo *chiuso* e *limitato* $[a,b]$.

1.4 Decomposizione di un intervallo chiuso e limitato

Dato un intervallo *chiuso* e *limitato* $[a, b]$, diamo ora un metodo per costruire un *ricoprimento* di esso.

Partiamo con una definizione!

> *Definizione di decomposizione*
> **Dato un intervallo *chiuso* e *limitato* $[a, b]$, si dice che se ne effettua una *decomposizione* in n intervalli parziali se si fissano in esso $n + 1$ punti:**
> $$x_0, x_1, x_2, \ldots, x_{n-1}, x_n$$
> **in modo tale che:**
> $$a = x_0 < x_1 < x_2 < \ldots < x_{n-1} < x_n = b.$$

I punti $x_0, x_1, x_2, \ldots, x_{n-1}, x_n$ sono detti *punti della decomposizione* e gli intervalli $[x_0, x_1]$, $[x_1, x_2]$, $\ldots$, $[x_{n-1}, x_n]$, *intervalli della decomposizione*.

Nel seguito, a volte, denoteremo questi ultimi con $I_1, I_2, \ldots, I_n$ e le loro ampiezze[3] con $\delta_1, \delta_2, \ldots, \delta_n$ cioè porremo:

$$I_1 = [x_0, x_1] \quad , \quad \delta_1 = x_1 - x_0$$
$$I_2 = [x_1, x_2] \quad , \quad \delta_2 = x_2 - x_1$$
$$\ldots \quad \ldots \quad \ldots$$
$$I_n = [x_{n-1}, x_n] \quad , \quad \delta_n = x_{n-1} - x_n$$

Poichè

$$\begin{aligned} I_1 \cup I_2 \cup \ldots \cup I_n &= [x_0, x_1] \cup [x_1, x_2] \cup \ldots [x_{n-1}, x_n] = \\ &= [x_0, x_n] = [a, b] \end{aligned}$$

---

[3] Ricordiamo che per *ampiezza* di un intervallo limitato si intende la differenza tra il suo *estremo superiore* ed il suo *estremo inferiore*, indipendentemente dal fatto che questi ultimi appartengano oppure no all'intervallo; così i quattro intervalli limitati $[a, b]$, $(a, b]$, $[a, b)$, (a, b) hanno tutti la stessa ampiezza $\delta = b - a$.

concludiamo che gli *intervalli* di una qualunque *decomposizione* con $n+1 > 2$ costituiscono un *ricoprimento* di $[a,b]$.

Una *decomposizione* viene denotata con il simbolo $D\{x_0, x_1, x_2, \ldots, x_n\}$ o semplicemente con D se non si dà luogo ad equivoci.

Dovendo includere gli estremi dell'intervallo $[a,b]$ tra i punti di ogni sua *decomposizione*, dalla definizione segue che il valore minimo di $n+1$ è *due*.

Esiste quindi una sola *decomposizione* con due punti: $D\{a,b\}$ mentre esistono infinite *decomposizioni* con più di due punti.

Se é ad esempio $n+1 = 3$, avremo:

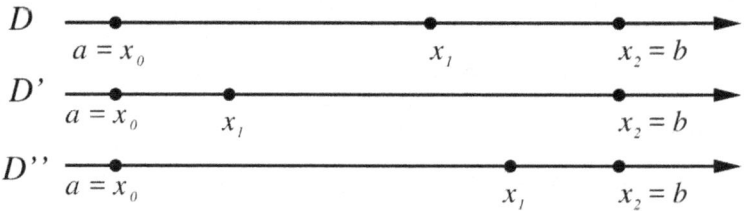

Figura 1.1

Diamo ora un'altra definizione!

Definizione di decomposizione più fina di un'altra
Date due *decomposizioni* D e D' di $[a,b]$, si dice che D' è *più fina* di D se è stata ottenuta da D con l'inserimento di qualche altro punto.

La seguente figura ci illustra la definizione data:

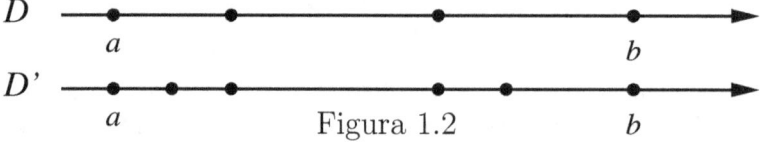

Figura 1.2

§ 1.4 Decomposizione di un intervallo chiuso e limitato

Da tale definizione segue:

1. Ogni *decomposizione* D' di $[a, b]$ con *almeno* tre punti è *più fina* della *decomposizione* $D\{a, b\}$.

2. Data una qualunque *decomposizione* D dell'intervallo $[a, b]$ è possibile costruire *infinite decomposizioni più fine* di essa.

Date due *decomposizioni* D e D' di $[a, b]$, non è detto che l'una sia *più fina* dell'altra.

Se ciò avviene, si dice che D e D' sono *decomposizioni confrontabili*; in caso contrario, che *non sono confrontabili*.

Illustriamo il verificarsi di tali eventualità con due figure:

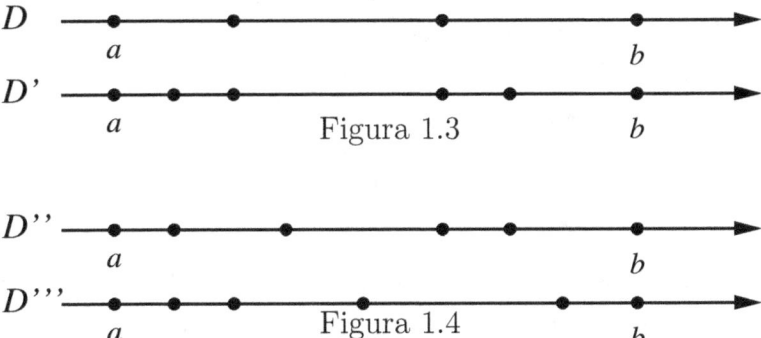

Figura 1.3

Figura 1.4

Come si vede le *decomposizioni* D e D' della Figura 1.3 sono confrontabili, mentre le *decomposizioni* D'' e D''' della Figura 1.4 non lo sono.

In ogni caso, date due *decomposizioni* D e D' di un intervallo $[a, b]$, tra loro *confrontabili* oppure *no*, è sempre possibile costruire una *decomposizione* D'' di $[a, b]$ *più fina* sia di D che di D'; basta infatti porre tra i punti di D'' tutti i punti di D ed i punti di D' che non appartengono a D.

Illustriamo quest'ultima affermazione con un'altra figura:

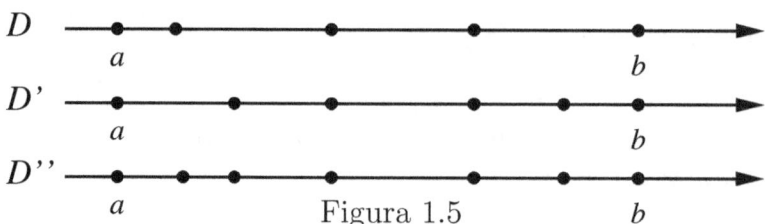

Figura 1.5

Per terminare con le *decomposizioni*, diamo un'ultima definizione di cui faremo uso nel seguito.

Definizione di norma di una decomposizione
Data una decomposizione $D\{x_0, x_1, x_2, \ldots, x_{n-1}, x_n\}$ **di** $[a,b]$ **si chiama norma della decomposizione e si denota con la lettera greca** δ**, l'ampiezza massima dei suoi intervalli, cioè**

$$\delta = \max\{\delta_1, \delta_2, \ldots, \delta_n\}$$

Da tale definizione segue:

1. $\delta \in (0, b-a]$; è $\delta = b-a$ se la *decomposizione* D ha solo i punti a e b;

2. fissato un numero $\overline{\delta} \in (0, b-a)$, esistono infinite *decomposizioni* D di $[a,b]$ che hanno come *norma* il numero $\overline{\delta}$ fissato.

Illustriamo la conseguenza 2. con un disegno:

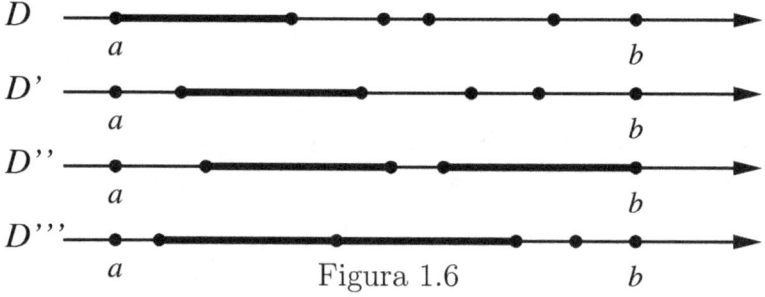

Figura 1.6

§ 1.5 Misurabilità degli insiemi e teorie della misura

Affrontiamo finalmente il problema della misurabilità degli insiemi di numeri reali.

1.5 Problema della misurabilità degli insiemi e teorie della misura

La Geometria elementare attribuisce una "misura" a certe figure della retta: i *segmenti* (la lunghezza); del piano: i *rettangoli* (l'area); dello spazio: i *parallelepipedi* (il volume).

Se sulla retta introduciamo un sistema di coordinate cartesiane, ad ogni *segmento* in essa contenuto, resta associato un *sottoinsieme* I di $\mathbb{R}$: quello costituito dalle *ascisse* dei punti del *segmento*.

Analogamente se nel piano introduciamo un sistema di coordinate cartesiane, ad ogni *rettangolo* in esso contenuto resta *associato un sottoinsieme* I di $\mathbb{R}^2$: quello costituito dalle *coordinate* dei punti del *rettangolo*.

Un discorso analogo si può ripetere per lo spazio.

Poiché a tali *sottoinsiemi* di $\mathbb{R}$, $\mathbb{R}^2$ e $\mathbb{R}^3$ si suole assegnare come "misura", rispettivamente la *lunghezza*, l'*area* e il *volume* della figura geometrica a cui sono associati, sorge naturale il problema di vedere se è possibile attribuire una *misura* anche ai *sottoinsiemi* di $\mathbb{R}$, $\mathbb{R}^2$ e $\mathbb{R}^3$ che non sono associati rispettivamente a nessuna delle suddette figure.

Lo studio di tale problema viene fatto in quella branca della matematica che si chiama *teoria della misura*.

Esistono varie teorie della misura; di esse ne vogliamo citare due:

– *la teoria della misura secondo Peano-Jordan*,

– *la teoria della misura secondo Lebesgue*.

Entrambe le teorie trattano i problema della *misurabilità degli insiemi* di $\mathbb{R}^n$ e quindi in particolare di $\mathbb{R}$, $\mathbb{R}^2$, $\mathbb{R}^3$ e pertanto danno una soluzione al problema che ci siamo posti.

Ciascuna di tali teorie consiste nell'elaborare un "procedimento" mediante il quale si cerca di associare ad ogni insieme E di $\mathbb{R}^n$ un numero che prende il nome di *misura* dell'insieme.

Naturalmente il "procedimento" usato varia da una teoria all'altra.

Nessuna delle due teorie riesce ad attribuire una *misura* ad ogni insieme di $\mathbb{R}^n$.

Gli insiemi E ai quali tali teorie riescono ad attribuire una misura, vengono chiamati rispettivamente:

- *insiemi misurabili secondo Peano-Jordan o più semplicemente insiemi J-misurabili*

- *insiemi misurabili secondo Lebesgue o più semplicemente insiemi L-misurabili*

e la *misura* di uno stesso insieme E secondo le due *teorie* viene denotata rispettivamente con i simboli $mis(E)$ e $\mu(E)$.

Esponiamo rapidamente le due teorie nel caso di *insiemi* di $\mathbb{R}$, cominciando dalla *teoria secondo Peano-Jordan*.

1.6 Teoria della misura secondo Peano-Jordan

Iniziamo con il prendere in esame gli *insiemi limitati* di $\mathbb{R}$. Tra essi vi sono:

- l'*insieme vuoto* $\emptyset$,

- gli *intervalli* (limitati),

- i *plurintervalli*, cioè gli *insiemi unione* di un *numero finito* di intervalli chiusi e limitati a due a due privi di punti interni comuni.

All'insieme $\emptyset$ attribuiamo come *misura* zero, cioè poniamo per definizione:
$$\text{mis}\,\emptyset = 0. \tag{1.4}$$

Ad ogni *intervallo*, come abbiamo detto nel paragrafo precedente, attribuiamo come *misura* la lunghezza del segmento di retta cartesiana che lo rappresenta, cioè la sua *ampiezza*.

§ 1.6 Misura di Peano-Jordan

Se I è quindi un intervallo limitato di estremi a e b (con $a < b$), indipendentemente dal fatto che a e b appartengano oppure no ad I, poniamo per definizione:

$$\text{mis } I = b - a. \tag{1.5}$$

Ai *plurintervalli* attribuiamo come *misura* la somma delle misure degli intervalli che li costituiscono.

Se P è un plurintervallo costituito dagli intervalli $I_1, I_2, \ldots, I_n$, poniamo per definizione:

$$\text{mis } P = \text{mis } I_1 + \text{mis } I_2 + \ldots + \text{mis } I_n. \tag{1.6}$$

Se E è un *insieme limitato* di $\mathbb{R}$, distinto da quelli ora citati, per arrivare ad attribuirgli una *misura*, elaboriamo un "procedimento" ispirato a quello che si segue in Geometria elementare per definire l'area (misura) del cerchio.

Il ruolo che nella Geometria elementare giocano i *poligoni* circoscritti ed inscritti al cerchio, qui lo giocano i *plurintervalli* contenenti l'insieme E e quelli in esso contenuti.

Ecco il procedimento!

1. Fissiamo a piacere un *intervallo chiuso e limitato* I contenente l'insieme E.

   Sicuramente un tale intervallo esiste perché l'insieme E è per ipotesi limitato.

2. Operiamo una *decomposizione* D dell'intervallo I fissato in intervalli parziali e siano $I_1, I_2, \ldots, I_n$ gli intervalli della *decomposizione* che hanno almeno un punto comune con E; tra questi poi consideriamo (se ve ne sono) gli intervalli costituiti dai punti interni ad E e denotiamoli con $\overline{I}_1, \overline{I}_2, \ldots, \overline{I}_p$ (con $p \leq n$).

   Il *plurintervallo* $P = I_1 \cup I_2 \cup \ldots \cup I_n$ contiene E e prende il nome di *plurintervallo esternamente associato ad E dalla decomposizione D*

dell'intervallo I; il *plurintervallo* $\overline{P} = \overline{I}_1 \cup \overline{I}_2 \cup \ldots \cup \overline{I}_p$ (eventualmente vuoto) è invece contenuto in E e prende il nome di *plurintervallo internamente associato ad E* dalla *decomposizione D* dell'intervallo I.

Tra l'insieme E e i due plurintervalli P e $\overline{P}$ ad esso associati da una qualunque *decomposizione D* dell'intervallo I, sussiste la relazione:

$$\overline{P} \subseteq E \subseteq P \tag{1.7}$$

Osserviamo che:

    a. Due *decomposizioni D e D'* dell'intervallo I tra loro distinte possono associare all'insieme E gli stessi *plurintervalli* $\overline{P} = \overline{P}'$ e $P = P'$.

    In particolare se l'insieme E è privo di punti interni, qualunque sia la *decomposizione D* dell'intervallo I considerato, risulta $\overline{P} = \emptyset$.

    b. Date due *decomposizioni D e D'* dell'intervallo I, se D' è *più fina* di D tra i *plurintervalli* da esse associate all'insieme E e l'insieme E stesso, sussiste la relazione:

$$\overline{P} \subseteq \overline{P}' \subseteq E \subseteq P' \subseteq P \tag{1.8}$$

3. Consideriamo le *misure* dei due plurintervalli associati all'insieme E dalla *decomposizione D* dell'intervallo I:

$$\text{mis } P = \text{mis } I_1 + \text{mis } I_2 + \cdots + \text{mis } I_n \tag{1.9}$$

e

$$\text{mis } \overline{P} = \text{mis } \overline{I}_1 + \text{mis } \overline{I}_2 + \cdots + \text{mis } \overline{I}_p \tag{1.10}$$

ed osserviamo che:

    (a) qualunque sia la *decomposizione D* dell'intervallo I considerata, risulta:

        – mis $P > 0$

§ 1.6 Misura di Peano-Jordan   17

- mis $\overline{P} \geq 0$; è mis $\overline{P} = 0$ se $\overline{P} = \emptyset$
- mis $\overline{P} \leq$ mis P

(b) al variare della *decomposizione D* di *I*, le (1.9) e (1.10) descrivono due insiemi numerici che denotiamo rispettivamente con {mis P} e {mis $\overline{P}$}.

Se l'insieme E è privo di punti interni, l'insieme {mis $\overline{P}$} ha un solo elemento: zero, cioè risulta {mis $\overline{P}$} = {0}.

(c) tenendo presente l'idea ispiratrice del "procedimento" che stiamo elaborando, se l'insieme E risulterà *misurabile*, la sua *misura* sarà un *numero approssimato per eccesso* da ogni numero di {mis P} e *per difetto* da ogni numero di {mis $\overline{P}$}.

Dalla (1.8) segue poi che più punti ha la *decomposizione D* dell'intervallo *I* e meglio le misure dei plurintervalli P e $\overline{P}$ da essa associati all'insieme E approssimano per eccesso e per difetto la misura di E che vogliamo definire. Quest'ultima osservazione ci porta a considerare il sup{mis $\overline{P}$} e l'inf{mis P}.

4. Prendiamo in esame l'*estremo inferiore* dell'insieme {mis P} e l'*estremo superiore* dell'insieme {mis $\overline{P}$} e poniamo le seguenti definizioni:

Definizione di misura esterna
Chiamiamo *misura esterna* dell'insieme E e la denotiamo con il simbolo $\text{mis}_e\, E$**, l'estremo inferiore dell'insieme {mis P} costituito da tutte le possibili mis P definite dalla (1.9):**

$$\text{mis}_e\, E = \inf\{\text{mis } P\} \qquad (1.11)$$

Definizione di misura interna
Chiamiamo *misura interna* dell'insieme E e la denotiamo con il simbolo $\text{mis}_i\, E$**, l'estremo superiore**

dell'insieme $\{\text{mis } \overline{P}\}$ costituito da tutte le possibili mis $\overline{P}$ definite dalla (1.10):

$$\text{mis}_i E = \sup\{\text{mis } \overline{P}\} \qquad (1.12)$$

5. Confrontiamo la (1.11) con la (1.12) ed è facile convincersi che risulta:

$$\text{mis}_i E \leq \text{mis}_e E. \qquad (1.13)$$

Se nella (1.13) si ha il segno $=$, diciamo che l'insieme E è un insieme *J-misurabile*; il comune valore di $\text{mis}_i E$ e $\text{mis}_e E$ si assume come *misura* dell'insieme E e si denota con il simbolo $\text{mis } E$:

$$\text{mis } E = \text{mis}_i E = \text{mis}_e E. \qquad (1.14)$$

Si dimostra che:

(a) le definizioni (1.11), (1.12) e (1.14) sono legittime perché non dipendono dall'intervallo I usato nella costruzione delle misure (1.9) e (1.10)

(b) sia la *misura interna* che la *misura esterna* godono della seguente proprietà:

Se E ed E' sono due *insiemi limitati* ed E' è contenuto in E, allora

$$\text{mis}_i E' \leq \text{mis}_i E \quad \text{e} \quad \text{mis}_e E' \leq \text{mis}_e E \qquad (1.15)$$

(c) tra la *misura esterna* e la *misura interna* di un insieme limitato E sussiste la relazione:

$$\text{mis}_e E = \text{mis}_i E + \text{mis}_e \partial E \qquad (1.16)$$

Diamo ora due teoremi che forniscono altrettante *condizioni necessarie e sufficienti* di misurabilità di un insieme.
Ecco i due teoremi!

§ 1.7 Insiemi limitati di misura nulla

Teorema 1.7 *Dato un insieme* limitato E *di numeri reali, sia* I *un intervallo chiuso e limitato che contiene* E.

Condizione necessaria e sufficiente *affinché l'insieme E sia* misurabile *è che per ogni* $\varepsilon > 0$ *esista una* decomposizione D_ε *dell'intervallo* I *tale che la differenza delle misure dei due plurintervalli P_ε e $\overline{P}_\varepsilon$ da essa associate all'insieme E, risulti minore di* ε.

In simboli:

$$\forall \varepsilon > 0 \quad \exists\, D_\varepsilon \ : \ \mathrm{mis}\, P_\varepsilon - \mathrm{mis}\, \overline{P}_\varepsilon < \varepsilon \tag{1.17}$$

Teorema 1.8 *Dato un insieme* limitato E *di numeri reali, condizione necessaria e sufficiente* affinché esso sia *misurabile è che la sua frontiera abbia misura esterna nulla.*

La condizione fornita dal *teorema 1.7* è legata alla definizione stessa di *insieme misurabile*, mentre quella fornita dal *teorema 1.8* segue immediatamente dalla (1.16).

Tra gli *insiemi limitati* e *misurabili* hanno per noi particolare importanza gli insiemi di *misura nulla*.

Cerchiamo di capire come sono fatti e costruiamo un criterio per riconoscerli.

1.7 Insiemi limitati di misura nulla

Nel costruire la teoria della misura di Peano-Jordan, abbiamo dato per definizione:

$$\mathrm{mis}\, \emptyset = 0$$

quindi l'*insieme vuoto* ha *misura nulla*.

Degli insiemi non vuoti e limitati E, quelli di misura nulla vanno ricercati tra gli insiemi privi di *punti interni*.

Se E avesse infatti *punti interni*, detto x_0 uno di essi, sia δ_0 la *distanza* che x_0 ha da ∂E.

L'intorno $I(x_0, \delta_0) = (x_0 - \delta_0, x_o + \delta_0)$ sarebbe costituito dai soli punti interni ad E per cui i plurintervalli $\overline{P} = \overline{I}_1 \cup \overline{I}_2 \cup \ldots \cup \overline{I}_p$ associati internamente ad E dalle *decomposizioni D* (dell'intervallo I prefissato) di norma $\delta < \delta_0$ non sarebbero vuoti e quindi le loro misure sarebbero positive. Ciò porterebbe ad avere mis$_i$ $E > 0$.

Degli insiemi privi di punti interni, sono poi di *misura nulla* quelli per cui risulta:
$$\text{mis}_e\ E = 0.$$

Tenendo presente la definizione di *misura esterna* di un insieme:
$$\text{mis}_e\ E = \inf\{\text{mis}\ P\}$$

ed il fatto che quest'ultima è indipendente, come abbiamo osservato precedentemente, dall'intervallo chiuso e limitato I inizialmente fissato per definirla, possiamo dire:

- **Un insieme *non vuoto* e *limitato* E ha *misura nulla* se e solo se comunque si fissi un numero $\varepsilon > 0$ esiste un *plurintervallo*
$P = I_1 \cup I_2 \cup \ldots \cup I_n$ contenente E tale che:**

$$\text{mis}\ I_1 + \text{mis}\ I_2 + \cdots + \text{mis}\ I_n < \varepsilon \tag{1.18}$$

Dalla seconda delle (1.15) segue poi che:

- **Ogni insieme E' contenuto in un insieme E di *misura nulla* ha *misura nulla*.**

Nel seguito per dire che un *insieme E* è *J- misurabile* e di *misura nulla* diremo in modo conciso che E è un *insieme J-misura nulla*.

Per fissare le idee diamo subito degli esempi di *insiemi J-misura nulla*.

Esempio 1.3 *Ogni insieme E finito è un insieme J-misura nulla.*

Siano $x_1, x_2, x_3, \ldots, x_n$ i punti di E.

§ 1.7 Insiemi limitati di misura nulla

Fissato un numero $\varepsilon > 0$ siano $I_1, I_2, I_3, \ldots, I_n$ gli intervalli chiusi e limitati così fatti:

$$\begin{aligned} I_1 &= [x_1 - \delta, x_1 + \delta] \\ I_2 &= [x_2 - \delta, x_2 + \delta] \\ I_3 &= [x_3 - \delta, x_3 + \delta] \\ \ldots &= \ldots \\ I_n &= [x_n - \delta, x_n + \delta] \end{aligned}$$

con $\delta < \frac{\varepsilon}{2 \cdot n}$.

Il plurintervallo $P = I_1 \cup I_2 \cup I_3 \cup \ldots \cup I_n$ contiene E e risulta

$$\text{mis } I_1 + \text{mis } I_2 + \text{mis } I_3 + \cdots + \text{mis } I_n = n \cdot (2\delta) = 2n\delta < \cancel{2} \, \cancel{n} \cdot \frac{\varepsilon}{\cancel{2} \, \cancel{n}}$$

e pertanto l'insieme E è J-misura nulla.

Esempio 1.4 *Ogni insieme E infinito e limitato avente un solo punto d'accumulazione è un insieme J-misura nulla.*

Sia x_0 il punto d'accumulazione di E.

Fissato un numero $\varepsilon > 0$, sia I_0 l'intervallo chiuso e limitato così fatto:

$$I_0 = [x_0 - \delta, x_0 + \delta]$$

con $\delta < \frac{\varepsilon}{4}$ e tale che né $x_0 - \delta$, né $x_0 + \delta \in E$.

A tale intervallo appartengono infiniti punti di E e fuori di esso un numero finito q di punti di E: $x_1, x_2, \ldots, x_q$.

Siano allora $I_1, I_2, I_3, \ldots, I_q$ gli intervalli chiusi e limitati così fatti:

$$\begin{aligned} I_1 &= [x_1 - \overline{\delta}, x_1 + \overline{\delta}] \\ I_2 &= [x_2 - \overline{\delta}, x_2 + \overline{\delta}] \\ I_3 &= [x_3 - \overline{\delta}, x_3 + \overline{\delta}] \\ \ldots &= \ldots \\ I_q &= [x_q - \overline{\delta}, x_q + \overline{\delta}] \end{aligned}$$

con $\overline{\delta} < \frac{\varepsilon}{4q}$. Il plurintervallo $P = I_0 \cup I_1 \cup I_2 \cup \ldots \cup I_q$ contiene E e risulta

$$\text{mis } I_0 + \text{mis } I_1 + \text{mis } I_2 + \cdots + \text{mis } I_q = 2\delta + q \cdot (2\overline{\delta}) = 2\delta + 2q\overline{\delta} <$$
$$< 2 \cdot \frac{\varepsilon}{4} + 2q \cdot \frac{\varepsilon}{4q} = \varepsilon$$

e pertanto l'insieme E è J-misura nulla.

Esempio 1.5 *Ogni insieme E infinito e limitato avente un numero finito di punti d'accumulazione è un insieme J-misura nulla.*

Poiché il ragionamento è del tutto analogo a quello fatto nell'esempio 1.4, invitiamo lo Studente a risolvere tale esercizio da solo.

Proseguiamo con la nostra teoria, definendo la misurabilità degli insiemi illimitati.

1.8 Insiemi illimitati misurabili

La definizione di insieme limitato J-misurabile viene utilizzata per definire la *misurabilità* degli insiemi illimitati.

Vediamo come!

> *Definizione di insieme illimitato e misurabile*
> **Dato un insieme illimitato E di $\mathbb{R}$, si dice che esso è J-misurabile se comunque si fissi un intervallo limitato I (di $\mathbb{R}$), l'insieme $E \cap I$ risulta J-misurabile.**

Se l'insieme E è *J-misurabile*, al variare di I in $\mathbb{R}$ in tutti i modi possibili, il numero mis $(E \cap I)$ descrive un insieme numerico che denotiamo con $\{\text{mis}\,(E \cap I)\}$ il cui estremo superiore (finito o $+\infty$) viene per definizione assunto come *misura di E*.

In simboli:
$$\text{mis}\,E = \sup\{\text{mis}\,(E \cap I)\} \qquad (1.19)$$

In particolare risulta mis $E = 0$ se ogni insieme $E \cap I$, qualunque sia l'intervallo I di $\mathbb{R}$ che si consideri, ha *misura nulla*.

Dalla (1.19) segue che:

- **Ogni insieme *illimitato* E costituito da *punti isolati* è un insieme *J-misura nulla*.**

§ 1.9 Proprietà degli insiemi J-misurabili

È infatti facile convincersi che, qualunque sia l'intervallo limitato I che si consideri, l'insieme $E \cap I$ è un *insieme finito* e pertanto, per quanto abbiamo visto nell'esempio 1.3, è *J-misura nulla*.

Si ha allora:
$$\{\text{mis }(E \cap I)\} = \{0\}$$
da cui segue:
$$\text{mis } E = \sup\{0\} = 0.$$

Occupiamoci ora delle proprietà degli insiemi J-misurabili, limitati oppure no.

1.9 Proprietà degli insiemi J-misurabili

Diamo ora alcuni teoremi che esprimono le proprietà degli insiemi *J-misurabili* limitati oppure no.

Teorema 1.9 *Dati due insiemi limitati o illimitati di numeri reali: E ed E', se:*

I. *entrambi sono J-misurabili*

II. $E' \subset E$

allora
$$\text{mis } E' \leq \text{mis } E$$

Teorema 1.10 *Dati n insiemi limitati o illimitati di numeri reali: $E_1, E_2, \ldots, E_n$, se:*
   $E_1, E_2, \ldots, E_n$ sono J-misurabili
allora
   gli insiemi unione, intersezione *e* differenza *di due di essi sono* J-misurabili.

Per quanto riguarda l'insieme *unione*, quest'altro teorema stabilisce la relazione esistente tra le *J-misure* di $E_1, E_2, \ldots, E_n$ e la *J-misura* dell'insieme *unione* di essi.

Teorema 1.11 *Dati n insiemi limitati o illimitati di numeri reali:*
$E_1, E_2, \ldots, E_n$, *se:*

$E_1, E_2, \ldots, E_n$ *sono* J-misurabili
allora

$$\text{mis}\,(E_1 \cup E_2 \cup \ldots \cup E_n) \leq \text{mis}\, E_1 + \text{mis}\, E_2 + \cdots + \text{mis}\, E_n$$

valendo il segno = se e solo se gli insiemi $E_1, E_2, \ldots, E_n$ *sono a due a due privi di punti interni comuni.*

* * *

Finora abbiamo visto quando un *insieme limitato* o *illimitato* di $\mathbb{R}$ è J-*misurabile* ed abbiamo elencato le *proprietà* della *misura*.

Se vogliamo calcolare quest'ultima, non conviene tuttavia servirsi della *definizione di misura di un insieme* ma piuttosto fare ricorso ad un'*operazione di limite* nel modo che diremo.

1.10 Come calcolare la misura di un insieme misurabile E limitato o illimitato

Il procedimento per il calcolo della *misura* di un *insieme misurabile E limitato* o *illimitato* che sia, poggia sul seguente *teorema* del quale non diamo la *dimostrazione* ma ci limitiamo a commentare.

Teorema 1.12 *Sia E un* insieme *non vuoto* misurabile, limitato *o illimitato,* $\{C\}^4$ *la famiglia di tutti gli insiemi C chiusi, limitati e misurabili contenuti in E e* $\{\text{mis}\, C\}$ *l'insieme numerico costituito dalle misure di tutti gli insiemi* $C \in \{C\}$.

Si ha:
$$\text{mis}\, E = \sup\{\text{mis}\, C\} \tag{1.20}$$

---

[4] Il simbolo $\{C\}$ è in accordo con le notazioni fissate nel *paragrafo* 1.1.

§ 1.10 Calcolo della misura di un insieme misurabile   25

Commento
Una volta accertato che l'*insieme E* è *misurabile*, la (1.20) pur dicendoci a chi è uguale la mis E non ce ne dà tuttavia il valore.

Nonostante ciò la (1.20) è importante perché l'informazione che fornisce permette di costruire un *metodo* per calcolarne la *misura*.

Vediamo come!

Poiché dell'*insieme numerico* $\{\text{mis } C\}$ interessa solo l'*estremo superiore*, basta selezionare nella *famiglia* $\{C\}$ una *sottofamiglia* $\{\overline{C}\}$ tale che risulti:

$$\sup\{\text{mis } \overline{C}\} = \sup\{\text{mis } C\} \qquad (1.21)$$

della quale sia "più agevole" il calcolo dell'*estremo superiore* dell'*insieme numerico* $\{\text{mis } \overline{C}\}$.

Tenendo presente che ogni *successione numerica monotòna crescente* o *non decrescente* è *regolare* cioè ha *limite* e che quest'ultimo è l'*estremo superiore* del suo *codominio*[5], possiamo calcolare il $\sup\{\text{mis } \overline{C}\}$ per mezzo di un'*operazione di limite* se nella *famiglia* $\{C\}$ selezioniamo una *sottofamiglia* $\{\overline{C}\}$ che sia il *codominio* di una *successione* $\{\overline{C}_n\}$ tale che la *successione numerica* $\{\text{mis } \overline{C}_n\}$ sia *monotòna crescente* o *non decrescente* e che risulti:

$$\lim_{n\to+\infty} \text{mis } \overline{C}_n = \sup\{\text{mis } \overline{C}\} = \sup\{\text{mis } C\} = \text{mis } E \qquad (1.22)$$

Come si fa però a trovare una *successione* $\{\overline{C}_n\}$ tale che la *successione numerica* $\{\text{mis } \overline{C}_n\}$ verifichi la (1.22)?

Il *teorema* 1.9 assicura che la *successione* $\{\text{mis } \overline{C}_n\}$ è *monotòna crescente* o *non decrescente* se la *successione* $\{\overline{C}_n\}$ gode della *proprietà*

$\alpha)\ \forall n \in \mathbb{N} \Longrightarrow C_n \subset C_{n+1}$

Il fatto però che una *successione* $\{\overline{C}_n\}$ goda della *proprietà* α) non garantisce tuttavia che essa verifichi la (1.22).

Se lo garantisse, prese comunque due *successioni* $\{\overline{C'}_n\}$ e $\{\overline{C''}_n\}$ che godono di tale *proprietà* dovrebbe risultare

$$\lim_{n\to+\infty} \text{mis } \overline{C'}_n = \lim_{n\to+\infty} \text{mis } \overline{C''}_n$$

---
[5]Vedere il libro "Successioni e serie numeriche", *paragrafo* 1.9, *teorema* 1.7.

ma può capitare che tali limiti siano differenti.

Questo fenomeno ci fa concludere che:

- il godere della *proprietá α)* da parte di una *successione* $\{\overline{C}_n\}$ costituisce una *condizione necessaria ma non sufficiente* affinché essa verifichi la (1.22).

Per comprendere il perché la *proprietà α)* non garantisca che una *successione* $\{\overline{C}_n\}$ che ne goda verifichi la (1.22), esaminiamo in dettaglio tale *proprietà*.

Essa dice che:

$$\overline{C}_1 \subset \overline{C}_2 \subset \cdots \subset \overline{C}_n \subset \cdots \subset E$$

(insieme di cui si vuol calcolare la misura)

quindi se un punto $x \in E$ appartiene ad un *insieme* $\overline{C}_\nu$ della *successione*, allora appartiene anche a *tutti gli insiemi* della *successione* che sono *immagini* dei *numeri* $n > \nu$ e come conseguenza "influenza" il *valore* delle loro *misure* e quindi del *limite*:

$$\lim_{n \to +\infty} \text{mis } \overline{C}_n$$

Può capitare però che esistano *punti* $x \in E$ che non appartengano ad *alcun insieme* $\overline{C}_\nu$ della *successione* e quindi neanche agli *insiemi* $\overline{C}_n$ con $n > \nu$ per cui non contribuendo alle loro *misure*, non contribuiscono neanche *al valore del limite* per cui risulta:

$$\lim_{n \to +\infty} \text{mis } \overline{C}_n = \sup\{\text{mis } \overline{C}\} < \text{mis } E$$

Se vogliamo che sia verificata la (1.22) la *successione* $\{\overline{C}_n\}$ deve godere anche di quest'altra *proprietà*:

β) $\forall C \in \{C\}$ esiste un *numero naturale* ν tale che risulti $C \subset \overline{C}_\nu$.

Poiché gli *insiemi* costituiti da *un solo elemento* $x \in E$ sono *insiemi chiusi, limitati e misurabili*, la *proprietà β)* assicura che *ogni elemento* $x \in E$ appartiene ad ogni insieme $\overline{C}_n$ di $\{\overline{C}_n\}$ con $n > \nu$ (opportuno).

§ 1.10 Calcolo della misura di un insieme misurabile

Si esprime brevemente questo fatto dicendo che le *successioni* di *insiemi chiusi, limitati* e *misurabili* $\{\overline{C}_n\}$ che godono delle *proprietà* α) e β) sono *successioni invadenti l'insieme E* e per denotare che una *successione* è tale, si scrive:

$$\lim_{n \to +\infty} \overline{C}_n = E$$

Diamo ora un *teorema* che ci assicura che *ogni successione* di *insiemi chiusi, limitati* e *misurabili* $\{\overline{C}_n\}$ invadente un *insieme misurabile E*, risolve il problema di come calcolare la *misura*.

Teorema 1.13 *Dato un* insieme misurabile *E, limitato o illimitato, comunque si fissi una* successione $\{\overline{C}_n\}$ *di* insiemi chiusi, limitati e misurabili invadente *E si ha:*

$$\lim_{n \to +\infty} \operatorname{mis} \overline{C}_n = \operatorname{mis} E$$

Dimostrazione
Essendo la *successione* $\{\overline{C}_n\}$ *invadente l'insieme E*, per la *proprietà* α) si ha:

$$\overline{C}_n \subset \overline{C}_{n+1} \quad , \forall n \in \mathbb{N}$$

da cui, per il *teorema 1.9*, segue che:

$$\operatorname{mis} \overline{C}_n \leq \operatorname{mis} \overline{C}_{n+1} \quad , \forall n \in \mathbb{N}$$

e quindi la *successione numerica* $\{\operatorname{mis} \overline{C}_n\}$ è *monotòna non decrescente* e come tale *regolare*, cioè ha il *limite* che denotiamo con L e può essere:

o un numero positivo

o $+\infty$

Poichè in ogni caso si ha:

$$L = \sup\{\operatorname{mis} \overline{C}_n\}$$

segue che:

$$\operatorname{mis} \overline{C}_n \leq L \quad , \forall n \in \mathbb{N}.$$

Dobbiamo ora provare che é:

$$L = \text{mis } E$$

cioè, per la (1.20), che:

$$L = \sup\{\text{mis } C\} \qquad (1.23)$$

Essendo $\{\overline{C}_n\}$ una *successione invadente* l'*insieme E*, per l'*ipotesi* β) si ha che:

$$\forall C \in \{C\} \text{ esiste un } \overline{C}_\nu \in \{\overline{C}_n\} \text{ tale che è:} \qquad C \subset \overline{C}_\nu$$

da cui segue:

$$\text{mis } C \leq \text{mis } \overline{C}_\nu \leq L$$

e quindi il *teorema* è dimostrato.

c.v.d.

Ora che abbiamo detto quando un *insieme E* di numeri reali è *misurabile* ed abbiamo imparato, nel caso che sia *misurabile*, a calcolare la sua *misura*, facciamo qualche commento alla *teoria della misura* che abbiamo appena esposto.

1.11 Commento alla teoria della misura di Peano-Jordan

Il "procedimento di misura" usato nella *teoria della misura di Peano-Jordan* permette di attribuire una *misura* solamente agli insiemi di una famiglia molto "ristretta".

L'insieme

$$E = \mathbb{Q} \cap [a, b]$$

ad esempio, non appartiene a tale famiglia, perché, come è facile convincersi, risulta:

$$\text{mis}_i E = 0 \quad \text{e} \quad \text{mis}_e E = b - a.$$

Si pone allora la necessità di elaborare un "procedimento di misura" che renda possibile "ampliare" la famiglia degli insiemi misurabili.

§ 1.11 Commento alla teoria di Peano-Jordan

Tale problema è stato affrontato e risolto da *Lebesgue* nella sua *teoria della misura* che ora vogliamo esporre.

Si potrebbe introdurre tale teoria in modo del tutto indipendente da quella di Peano-Jordan ma, in questi cenni che di essa daremo, preferiamo introdurla a partire da quest'ultima cominciando con l'analizzare il "procedimento di misura" in essa usato.

Nella teoria della misura di Peano-Jordan ad ogni insieme limitato E di numeri reali vengono associati due numeri: $\text{mis}_e E$ e $\text{mis}_i E$ e non si manifesta alcuna preferenza per l'uno o per l'altro dei due, ma viene preso in considerazione solo il caso in cui essi coincidono:

$$\text{mis}_e E = \text{mis}_i E \quad .$$

I motivi per cui non vengono assunte come $\text{mis}\, E$ né $\text{mis}_e E$ né $\text{mis}_i E$ sono questi:

- Non viene assunta, come *misura* di E, $\text{mis}_e E$ perché essendo essa l'*estremo inferiore* dell'insieme delle misure dei *plurintervalli associati esternamente* all'insieme E, sorge il dubbio di considerare un numero " più grande" del dovuto.

- Non viene assunta, come *misura* di E, $\text{mis}_i E$ perché essendo essa l'*estremo superiore* dell'insieme delle misure dei *plurintervalli associati internamente* all'insieme E, sorge il dubbio di considerare un numero " più piccolo" del dovuto.

Mostriamo ora che:

a) il primo dubbio non sussiste se l'insieme E è un *insieme chiuso*[6]

b) il secondo dubbio non sussiste se l'insieme E è un *insieme aperto*[7]

Occupiamoci del caso a) !

[6 e 7] Ricordiamo che un insieme non vuoto E di numeri reali si dice *chiuso* se ad esso appartengono tutti i punti della sua *frontiera* ∂E; *aperto* se ad esso non appartiene alcun punto della sua *frontiera*. Vedere il libro "Limiti e continuità", capitolo1, paragrafo 2.

Se E è un *insieme chiuso* e x_0 è un punto $\notin E$, esso ha da E una *distanza* $\delta_0 > 0$ [8].

Se applichiamo all'insieme E il "procedimento" descritto nel paragrafo 1.6 per definire la *misura esterna*, ci rendiamo conto che x_0 non appartiene ai *plurintervalli* $P = I_1 \cup I_2 \cup \ldots \cup I_n$ *associati esternamente* ad E dalle *decomposizioni* D (dell'intervallo I fissato) aventi *norma* $\delta < \delta_0$ e pertanto "non influenza" le loro misure. Tenendo poi presente l'osservazione che ci ha portato a definire $\text{mis}_e E$ come l'$\inf\{\text{mis } P\}$, concludiamo che "non influenza" neanche quest'ultima.

Occupiamoci del caso b) !

Se E è un *insieme aperto* e $x_0 \in E$, esso ha da ∂E una *distanza* $\delta_0 > 0$.

Se applichiamo all'insieme E il "procedimento" descritto nel paragrafo 1.6 per definire la *misura interna*, ci rendiamo conto che x_0 appartiene ai *plurintervalli* $\overline{P} = \overline{I}_1 \cup \overline{I}_2 \cup \ldots \cup \overline{I}_n$ *associati internamente* ad E dalle *decomposizioni* D (dell'intervallo I fissato) aventi *norma* $\delta < \delta_0$ e pertanto "contribuisce" alle loro misure. Tenendo poi presente l'osservazione che ci ha portato a definire $\text{mis}_i E$ come il $\sup\{\text{mis } \overline{P}\}$, concludiamo che quest'ultima "tiene conto" di tutti i punti di E.

Partendo da tali osservazioni intuitive, Lebesgue costruisce la sua teoria della misura.

Vediamo come!

1.12 Teoria della misura secondo Lebesgue

Come nella teoria della misura secondo Peano-Jordan si inizia a prendere in esame gli *insiemi limitati* di $\mathbb{R}$.

Tra essi vi sono:

– gli *insiemi chiusi* C,

– gli *insiemi aperti* A.

---

[8] Per la definizione di *distanza* di un punto da un insieme, vedere il libro "Limiti e continuità", paragrafo 1.2.

§ 1.12 Teoria della misura secondo Lebesgue

Ad ogni *insieme chiuso* C attribuiamo come *misura* e la denotiamo con $\mu(C)$, la sua *misura esterna secondo Jordan*, cioè poniamo:

$$\mu(C) = \text{mis}_e\, C \qquad (1.24)$$

Ad ogni *insieme aperto* A attribuiamo come *misura* e la denotiamo con $\mu(A)$, la sua *misura interna secondo Jordan*, cioè poniamo:

$$\mu(A) = \text{mis}_i\, A \qquad (1.25)$$

Dalle considerazioni fatte nel paragrafo precedente, che hanno ispirato a Lebesgue l'idea della sua teoria della misura, segue che:

1. Nella (1.24) può risultare $\mu(C) \geq 0$; vale il segno $=$ se l'insieme C ha misura esterna nulla secondo Jordan

2. Nella (1.25) risulta sicuramente $\mu(A) > 0$. Essendo infatti l'insieme A aperto, le *decomposizioni* D di un qualunque intervallo I contenente A, con norma δ "abbastanza piccola", sicuramente hanno qualche intervallo costituito esclusivamente da punti di A e pertanto i plurintervalli $\overline{P}$ da esse associati internamente ad A non sono vuoti e quindi risulta mis $\overline{P} > 0$; di conseguenza, essendo $\text{mis}_i\, A = \sup\{\text{mis } \overline{P}\}$, quest'ultima è maggiore di zero.

3. Se C è un insieme chiuso contenuto in un insieme aperto A: $C \subset A$, si ha certamente:
$$\mu(C) < \mu(A) \qquad (1.26)$$

Se E è un *insieme limitato* di $\mathbb{R}$, distinto da quelli ora citati, per arrivare ad attribuirgli una *misura*, elaboriamo un "procedimento" del tutto analogo a quello utilizzato nella teoria della misura secondo Peano-Jordan che abbiamo illustrato nel paragrafo 1.6.

Il ruolo che in quest'ultima giocano i *plurintervalli $\overline{P}$ internamente associati* ad E, qui lo giocano gli *insiemi chiusi contenuti* in E; il ruolo giocato dai *plurintervalli P esternamente associati* ad E qui lo giocano invece gli *insiemi aperti contenenti E*.

Ecco il "procedimento"!

1. Fissiamo a piacere un *insieme chiuso* C contenuto in E ed un *insieme aperto* A contenente E:

$$C \subseteq E \subseteq A \quad ^9$$

2. Calcoliamo $\mu(C)$ e $\mu(A)$. Per la (1.26) risulta $\mu(C) < \mu(A)$

3. Prendiamo in considerazione i due insiemi numerici $\{\mu(C)\}$ e $\{\mu(A)\}$ descritti al variare di C ed A in tutti i modi possibili e di essi calcoliamo:

$$\sup\{\mu(C)\} \quad \text{e} \quad \inf\{\mu(A)\} \quad .$$

4. Poniamo le seguenti definizioni:

   Chiamiamo *misura interna* dell'insieme E, e la denotiamo con $\mu_i(E)$, l'estremo superiore dell'insieme $\{\mu(C)\}$; in simboli:

   $$\mu_i(E) = \sup\{\mu(C)\} \qquad (1.27)$$

   Chiamiamo *misura esterna* dell'insieme E, e la denotiamo con $\mu_e(E)$, l'estremo inferiore dell'insieme $\{\mu(A)\}$; in simboli:

   $$\mu_e(E) = \inf\{\mu(A)\} \qquad (1.28)$$

5. Confrontiamo la (1.27) con la (1.28) ed è facile convincersi che risulta

$$\mu_i(E) \leq \mu_e(E) \qquad (1.29)$$

---

[9]Sicuramente tali insiemi C ed A esistono. Per quanto riguarda gli insiemi $C \subset E$, basta pensare agli *insiemi* costituiti da un *solo elemento* $x_0 \in E$, cioè $C = \{x_0\}$. Per quanto riguarda invece gli insiemi $A \supset E$, basta pensare agli infiniti intervalli limitati ed aperti contenenti E.

§ 1.12 Teoria della misura secondo Lebesgue

Se nella (1.29) si ha il segno =, si dice che l'insieme E è un *insieme L-misurabile*; il comune valore di $\mu_i(E)$ e $\mu_e(E)$ si assume come *misura* dell'insieme E e si denota con il simbolo $\mu(E)$:

$$\mu(E) = \mu_i(E) = \mu_e(E) \qquad (1.30)$$

In particolare, se è $\mu(E) = 0$, si dice che l'insieme E è un *insieme L-misurabile di misura nulla* o, in modo conciso, che l'insieme E è un *insieme L-misura nulla*.

Anche gli insiemi *L-misura nulla*, al pari degli insiemi *J-misura nulla*, godono della seguente proprietà:

– Ogni insieme E' contenuto in un insieme E *L-misura nulla* è un insieme *L-misura nulla*.

Diamo ora un teorema, analogo al *teorema 1.7*, che fornisce una *condizione necessaria e sufficiente* di misurabilità.
Ecco il teorema!

Teorema 1.14 *Dato un insieme limitato E di numeri reali, condizione necessaria e sufficiente affinché l'insieme E sia L-misurabile è che per ogni $\varepsilon > 0$ esista un insieme aperto e limitato A_ε contenente E ed un insieme chiuso e limitato C_ε contenuto in E tali che la differenza $\mu(A_\varepsilon) - \mu(C_\varepsilon)$ sia minore di ε.*
In simboli:

$$\forall \varepsilon > 0 \ \exists \ A_\varepsilon \ e \ C_\varepsilon \ con \ C_\varepsilon \subset E \subset A_\varepsilon \ : \ \mu(A_\varepsilon) - \mu(C_\varepsilon) < \varepsilon \qquad (1.31)$$

Occupiamoci ora della *misurabilità* degli *insiemi illimitati* di $\mathbb{R}$.
Diamo la seguente definizione!

Definizione di insieme illimitato misurabile
Dato un insieme illimitato E di $\mathbb{R}$, si dice che esso è L-misurabile se comunque si fissi un intervallo limitato I (di $\mathbb{R}$), l'insieme $E \cap I$ risulta L-misurabile.

Se l'insieme E è *L-misurabile* al variare di I in $\mathbb{R}$ in tutti i modi possibili, il *numero* $\mu(E\cap I)$ descrive un *insieme numerico*, che denotiamo con $\{\mu(E\cap I)\}$, il cui *estremo superiore* (finito o $+\infty$) viene *per definizione* assunto come *misura* di E.

In simboli:
$$\mu(E) = \sup\{\mu(E \cap I)\} \tag{1.32}$$

In particolare risulta $\mu(E) = 0$ se ogni insieme $E \cap I$, qualunque sia l'intervallo I di $\mathbb{R}$ che si consideri, ha *misura nulla*.

Elenchiamo ora le proprietà degli insiemi *L-misurabili*, *limitati* oppure *no*.

1.13 Proprietà degli insiemi L-misurabili

Diamo ora alcuni teoremi che esprimono le proprietà degli insiemi *L-misurabili* limitati oppure no.

Teorema 1.15 *Dati due insiemi limitati o illimitati di numeri reali: E ed E', se:*

  I. entrambi sono L-misurabili

  II. $E' \subset E$

allora
$$\mu(E') \leq \mu(E)$$

Teorema 1.16 *Dati un numero finito o un'infinità numerabile di insiemi L-misurabili: $E_1, E_2, \ldots, E_n, \ldots$, il loro insieme unione è L-misurabile e risulta:*

$$\mu(E_1 \cup E_2 \cup \ldots \cup E_n \cup \ldots) \leq \mu(E_1) + \mu(E_2) + \cdots + \mu(E_n) + \cdots \quad ; \tag{1.33}$$

in particolare se i predetti insiemi sono a due a due privi di punti comuni, nella (1.33) si ha il segno =.

§ 1.14 Relazione tra insiemi J-misurabili e L-misurabili

Teorema 1.17 *Dato un numero finito o un'infinità numerabile di insiemi* L-misurabili: $E_1, E_2, \ldots, E_n, \ldots$, *il loro* insieme intersezione *è* L-misurabile.

Teorema 1.18 *Dati due insiemi (limitati o illimitati)* L-misurabili E *ed* E', *anche gli insiemi* $E - E'$ *ed* $E' - E$ *sono* L-misurabili.

Per terminare con questi brevi cenni di teoria della misura ci resta da:

- stabilire la *relazione* che esiste tra gli *insiemi J-misurabili* e gli *insiemi L-misurabili*.

- costruire un *criterio* per riconoscere se un assegnato insieme non vuoto E è *L-misura nulla*.

1.14 Relazione tra gli insiemi J-misurabili e gli insiemi L-misurabili

Nel paragrafo 1.11 abbiamo detto che il "procedimento" usato nella *teoria della misura di Peano-Jordan* permette di attribuire una *misura* agli insiemi di una famiglia troppo ristretta per cui si è posta la necessità di costruire una nuova teoria della misura: la *teoria della misura di Lebesgue*.

Per mostrare che questa nuova teoria "amplia" la classe degli insiemi misurabili occorre far vedere che:

a) ogni insieme *J-misurabile* è *L-misurabile* e le due misure coincidono,

b) esistono insiemi *L-misurabili* che non sono *J-misurabili*.

Occupiamoci del punto a) cominciando con il dimostrare il seguente teorema:

Teorema 1.19 *Se un insieme limitato E è* J-misurabile *allora è anche* L-misurabile *e le due misure coincidono.*

Dimostrazione
Per ipotesi l'insieme E è *J-misurabile* e quindi il *teorema 1.9* assicura che $\text{mis}_e \, \partial E = 0$.

Poichè per il *teorema 1.6*, l'insieme ∂E è chiuso, si ha:

$$\mu(\partial E) = \text{mis}_e \, \partial E = 0.$$

Se introduciamo i due insiemi $E - \partial E$ ed $E \cap \partial E$, possiamo scrivere:

$$E = (E - \partial E) \cup (E \cap \partial E).$$

L'insieme $E - \partial E$, essendo aperto, è *L-misurabile*; l'insieme $E \cap \partial E$, essendo sottoinsieme di ∂E che è *L-misura nulla* è anche esso *L-misura nulla*.

Poiché i due insiemi $E - \partial E$ ed $E \cap \partial E$ non hanno punti comuni, per il *teorema 1.15* si ha:

$$\begin{aligned} \mu(E) &= \mu(E - \partial E) + \mu(E \cap \partial E) = \\ &= \mu(E - \partial E) + 0 = \\ &= \mu(E - \partial E) \end{aligned} \qquad (1.34)$$

e quindi l'insieme *J-misurabile* E è anche *L-misurabile*.

Resta ora da provare che:

$$\mu(E) = \text{mis } E. \qquad (1.35)$$

Dalla (1.34) e dal fatto che l'insieme $E - \partial E$ è aperto segue che:

$$\mu(E) = \mu(E - \partial E) = \text{mis}_i (E - \partial E). \qquad (1.36)$$

Ricordando poi che ogni *plurintervallo* $\overline{P}$ *associato internamente* ad E è costituito dai punti di $E - \partial E$, segue che

$$\text{mis}_i (E - \partial E) = \text{mis}_i E$$

§ 1.14 Relazione tra insiemi J-misurabili e L-misurabili   37

e quindi, essendo E per ipotesi *J-misurabile*, la (1.36) può essere completata cosí:

$$\mu(E) = \mu(E - \partial E) = \text{mis}_i\,(E - \partial E) = \text{mis}_i\,E = \text{mis}\,E$$

e la (1.35) è pertanto dimostrata.

c.v.d.

Il *teorema 1.19* sussiste anche per gli *insiemi illimitati*; di esso non daremo però la dimostrazione che lasciamo come esercizio allo Studente.

Occupiamoci infine del punto b).

Se riusciamo a dare un esempio di insieme che è *L-misurabile* però non è *J-misurabile*, possiamo concludere che la *famiglia degli insiemi L-misurabili* include *quella degli insiemi J-misurabili* e pertanto la teoria della misura di Lebesgue ha raggiunto l'obiettivo di "ampliare" la famiglia degli insiemi misurabili.

L'esempio è questo:

Esempio 1.6

$$E = \mathbb{Q} \cap [a, b]$$

Tale insieme come abbiamo visto nel paragrafo 1.11 non è J-misurabile *poiché* $\text{mis}_i\,E = 0$ *e* $\text{mis}_e\,E = b - a$, *tuttavia esso è* L-misurabile *e di misura nulla.*

Poiché E è un insieme numerabile, come abbiamo visto negli esempi 1.1 e 1.2, se lo riguardiamo come unione *di una infinità numerabile di insiemi costituiti da un solo elemento, essendo ciascuno di tali insiemi* L-misura nulla, *per il teorema 1.16 risulta $\mu(E) = 0$.*

La L-misurabilità dell'insieme $E = \mathbb{Q} \cap [a, b]$ è dovuta al fatto che nella teoria della misura di Lebesgue, l'insieme unione di una infinità numerabile di insiemi misurabili è misurabile mentre nella teoria della misura di Peano-Jordan ciò può non risultare vero come accade appunto nell'esempio esaminato.

Sebbene l'esempio esaminato ci ha permesso di concludere che la *famiglia degli insiemi L-misurabili* é "più numerosa" di quella degli *insiemi J-misurabili*, non ci deve tuttavia far supporre che *tutti gli insiemi siano*

L-misurabili. Esistono infatti *insiemi* che non lo sono; tuttavia per costruire esempi di tali insiemi occorre fare uso del postulato di Zermelo, il cui uso non è ritenuto legittimo da tutti i Matematici.

Riassumendo e concludendo possiamo dire:

- ogni *insieme E limitato o illimitato*, se è *J-misurabile* allora è anche *L-misurabile* e le due misure *coincidono*,

- vi sono *insiemi L-misurabili* che non sono *J-misurabili*.

Data l'importanza che hanno gli *insiemi L-misura nulla* nella teoria dell'integrazione, per terminare con quest'argomento vogliamo ora costruire un criterio per *riconoscere* quali insiemi sono *L-misura nulla*.

1.15 Insiemi L-misura nulla

Dal fatto che se un *insieme non vuoto E* è *J-misurabile*, allora è *L-misurabile* e le due misure *coincidono* (*teorema 1.19*) segue che:

- se un *insieme E* è *J-misura nulla* allora è anche *L-misura nulla*.

- se un *insieme E* non è *J-misurabile* può darsi che sia *L-misurabile* e che in particolare risulti $\mu(E) = 0$.

Vogliamo ora costruire un criterio che ci permetta di decidere se un dato insieme non vuoto E è *L-misura nulla*.

Supponiamo che E sia un *insieme limitato*. Sappiamo che in generale si ha che:

$$\mu_i(E) \leq \mu_e(E) \quad . \tag{1.29}$$

Per provare che E è *L-misura nulla*, basta far vedere che risulta:

$$\mu_e(E) = \inf\{\mu(A)\} = 0 \tag{1.28}$$

ove A è il generico *insieme aperto e limitato* contenente E.

§ 1.15 Insiemi L-misura nulla

Tenendo presente la definizione di *estremo inferiore* di un insieme di numeri, possiamo dire che la (1.28) è verificata se e solo se:

$$\forall \varepsilon > 0 \ \exists \ A_\varepsilon \ (\text{aperto}) \supset E \ : \ \mu(A_\varepsilon) = \text{mis}_i \ A_\varepsilon < \varepsilon. \qquad (1.37)$$

Poiché per il *teorema 1.7* l'*insieme* A_ε essendo *aperto* si può rappresentare come *unione* di una *famiglia numerabile* $\{I_i\}_{i \in \mathbb{N}}$ di *intervalli aperti e disgiunti*, la (1.37) può essere enunciata cosí:

- **Dato un *insieme non vuoto e limitato* E esso è *L-misura nulla* se e solo se comunque si fissi un $\varepsilon > 0$ esiste una *famiglia numerabile* $\{I_i\}_{i \in \mathbb{N}}$ di *intervalli aperti e disgiunti* che verifichi le due condizioni seguenti:**

   I) $\{I_i\}_{i \in \mathbb{N}}$ è un *ricoprimento* di E, cioè:
   $$E \subseteq \bigcup_{i \in \mathbb{N}} I_i$$

   II) $\mu\left(\bigcup_{i \in \mathbb{N}} I_i\right) < \varepsilon. \qquad (1.38)$

Poichè, per il *teorema 1.16*, si ha:

$$\mu\left(\bigcup_{i \in \mathbb{N}} I_i\right) = \mu(I_1) + \mu(I_2) + \cdots + \mu(I_n) + \cdots = \sum_{i=1}^{+\infty} \mu(I_i)$$

ed inoltre:
$$\mu(I_i) = \text{mis} \ I_i$$

la (1.38) può essere scritta cosí:

$$\text{mis} \ I_1 + \text{mis} \ I_2 + \cdots + \text{mis} \ I_n + \cdots < \varepsilon \qquad (1.39)$$

Data l'importanza che rivestono gli insiemi di misura nulla nella teoria dell'integrazione, elenchiamo qui di seguito gli insiemi L-*misura nulla* finora incontrati:
Sono insiemi J-*misura nulla* e quindi L-*misura nulla*:

- l'insieme vuoto $\emptyset$,

- gli insiemi finiti,

- gli insiemi limitati con un numero finito di punti di accumulazione,

- gli insiemi illimitati costituiti da soli punti isolati: $\mathbb{N}$, $\mathbb{Z}$, ...

Sono insiemi L-*misura nulla* ma non J-*misurabili*:

- tutti gli insiemi limitati e numerabili.

Gli insiemi elencati non esauriscono naturalmente la famiglia degli insiemi L-*misura nulla*, ma non vogliamo allungare il nostro elenco perché essi sono gli unici che incontreremo nel seguito.

Occupiamoci ora delle funzioni cominciando con il precisare la definizione di *punto singolare* data nel *paragrafo* 3.4 del libro "Limiti e continuità".

1.16 Punti singolari e punti di discontinuità di una funzione

Definizione di punto singolare
Data una funzione $f : y = f(x)$, $x \in A \subseteq \mathbb{R} \subset \widetilde{\mathbb{R}}$, si chiama *punto singolare* per essa ogni punto $x_0 \in \mathbb{R}$ che si trovi in una delle due situazioni seguenti:

1. **appartiene ad A ed è *punto di discontinuità* per f**

2. **non appartiene ad A però appartiene a ∂A (frontiera di A) e quindi è punto d'accumulazione per A**

§ 1.16 Punti singolari e di discontinuità di una funzione   41

Poiché in ogni caso x_0 è un punto di accumulazione per A [10], ha senso effettuare l'operazione di $\lim_{x \to x_0} f(x)$ ed in base al risultato di tale operazione si suol classificare i *punti singolari* così :

- se esiste finito $\lim_{x \to x_0} f(x)$, si dice che x_0 è un *punto singolare eliminabile* ed in particolare, se è *punto di discontinuità*, *punto di discontinuità eliminabile*.

- se invece è $\lim_{x \to x_0} f(x) = \pm\infty$ o addirittura $\not\exists \lim_{x \to x_0} f(x)$, si dice che x_0 è un *punto singolare non eliminabile* ed in particolare, se è *punto di discontinuità*, *punto di discontinuità non eliminabile*.

Tali denominazioni sono suggerite dalle seguenti circostanze:

- se esiste finito il $\lim_{x \to x_0} f(x)$, il punto x_0 può essere eliminato come *punto singolare* e fatto diventare *punto di continuità* per la funzione nel modo seguente:

    - nel caso che $x_0 \in A$, cioè è *punto di discontinuità*, cambiando l'immagine $f(x_0)$ che gli attribuisce la *legge d'associazione* f, con il *valore del limite*.
    - nel caso che $x_0 \notin A$, cioè non è *punto di discontinuità*, includendolo nel *dominio* della funzione e dandogli come *immagine*, sempre il *valore del limite*

- se invece risulta $\lim_{x \to x_0} f(x) = \pm\infty$ o addirittura il limite non esiste, non è possibile eliminare x_0 come *punto singolare* perché qualunque fosse l'immagine che gli si assegnasse, resterebbe sempre *punto di discontinuità* e quindi *punto singolare* per f.

Per i *punti singolari non eliminabili* poi, indipendentemente dal fatto che siano o no *punti di discontinuità*, cioè che appartengano oppure no al dominio, sono in uso le seguenti locuzioni:

---

[10] Se $x_0 \in A$, sicuramente è *punto di accumulazione* per A, perché se fosse *punto isolato* di A, f sarebbe *continua* in esso; se $x_0 \notin A$, dovendo $\in \partial A$, nel *paragrafo 1.7* del libro "Limiti e continuità" abbiamo dimostrato che è *punto d'accumulazione* per A.

Si dice che un *punto singolare* (non eliminabile) x_0 è *punto di discontinuità di 1^a specie* se esistono finiti entrambi i limiti:

$$\lim_{x \to x_0^-} f(x) \quad \text{e} \quad \lim_{x \to x_0^+} f(x)$$

che denoteremo rispettivamente con i simboli $f(x_0^-)$ e $f(x_0^+)$.

La differenza $f(x_0^+) - f(x_0^-)$ si chiama *salto* della funzione nel punto x_0.

Si dice che un *punto singolare* (non eliminabile) x_0 è *punto di discontinuità di 2^a specie* se non è di *prima specie*, cioè se almeno uno dei due predetti limiti non esiste oppure è $\pm\infty$. In particolare se entrambi i limiti esistono ed almeno uno dei due è $\pm\infty$, si dice che x_0 è un *punto d'infinito*.

Per la funzione il cui *diagramma cartesiano* è quello della Figura 1.7

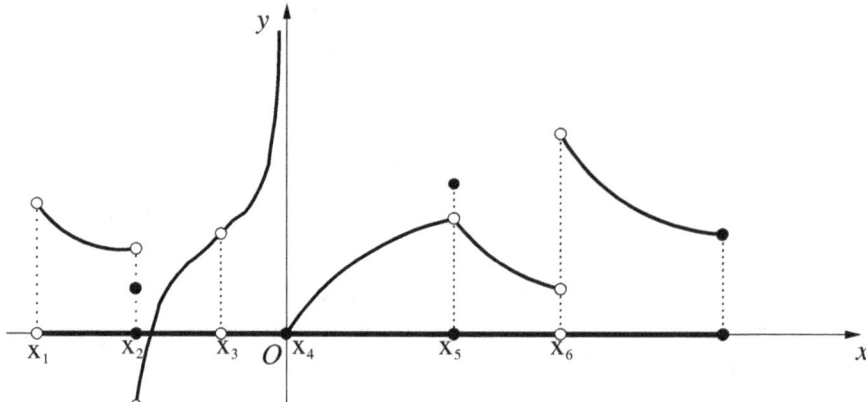

Figura 1.7

§ 1.16 Punti singolari e di discontinuità di una funzione

i punti $x_1, x_2, x_3, x_4, x_5, x_6$ sono *punti singolari*; i punti x_1, x_3, x_5 sono *punti singolari eliminabili*, mentre x_2, x_4, x_6 *non lo sono*. I punti x_2 e x_6 sono poi *punti di discontinuità* di 1^a *specie* ed il punto x_4 è *punto d'infinito*.

La retta d'equazione $x = x_4$ è detta *asintoto verticale* per il *diagramma cartesiano* della funzione.

In generale: il *diagramma cartesiano* di una funzione ha un *asintoto verticale* di equazione $x = x_0$ se x_0 è un *punto d'infinito* per la funzione.

Diamo ora due *definizioni* largamente usate nella letteratura matematica.

Definizione 1
Data una funzione f di *dominio* A, sia x_0 un *punto* di A e di *discontinuità* per essa. Se ha senso l'operazione di limite $\lim_{x \to x_0^-} f(x)$ e risulta $\lim_{x \to x_0^-} f(x) = f(x_0)$, si dice che la funzione è *continua a sinistra nel punto* x_0.

Definizione 2
Data una funzione f di *dominio* A, sia x_0 un *punto* di A e di *discontinuità* per essa. Se ha senso l'operazione di limite $\lim_{x \to x_0^+} f(x)$ e risulta $\lim_{x \to x_0^+} f(x) = f(x_0)$, si dice che la funzione è *continua a destra nel punto* x_0.

La funzione il cui diagramma cartesiano è:

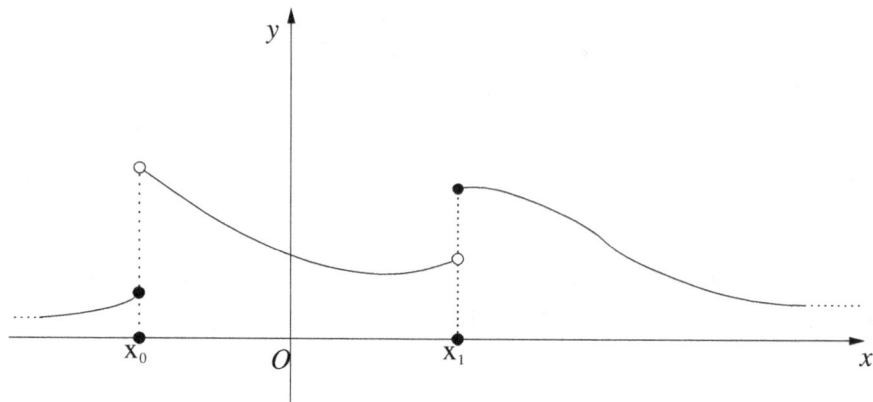

Figura 1.8

nel *punto* x_0 è *continua a sinistra* mentre nel *punto* x_1 lo è *a destra*.

Per terminare con i *punti singolari*, vogliamo vedere se é possibile considerare tali anche i *simboli* $-\infty$ e $+\infty$ quando sono rispettivamente *estremo inferiore* ed *estremo superiore* del *dominio A* di una *funzione reale di una variabile reale*.

1.17 I simboli $-\infty$ e $+\infty$ nel ruolo di punti singolari per una funzione

Per ben comprendere l'opportunità di tale *estensione*, cominciamo con il ricordare come e quando i *simboli* $-\infty$ e $+\infty$ sono entrati nei nostri discorsi.

Nel *paragrafo* 1.9 del libro "Funzioni reali di una variabile reale", abbiamo utilizzato i *simboli* $-\infty$ e $+\infty$ come una "stenografia" nella denotazione degli *intervalli illimitati*.

Nel *paragrafo* 1.15 dello stesso libro abbiamo visto che:

- se un *insieme non vuoto A* non è *limitato inferiormente* non possiamo costruire il suo *estremo inferiore*. In questo caso si fa la

§ 1.17 $-\infty$ e $+\infty$ come punti singolari

convenzione di dire che l'*insieme A* ha come *estremo inferiore* il *simbolo* $-\infty$.

- se un *insieme non vuoto A* non è *limitato superiormente* non possiamo costruire il suo *estremo superiore*. In questo caso si fa la *convenzione* di dire che l'*insieme A* ha come *estremo superiore* il *simbolo* $+\infty$.

In entrambi i casi si tratta di una *convenzione linguistica* che permette di concludere che ogni *insieme non vuoto A* ha l'*estremo inferiore* e l'*estremo superiore* che può essere nei due casi:

- o un *numero* o il *simbolo* $-\infty$

- o un *numero* o il *simbolo* $+\infty$

Gli *estremi inferiore* e *superiore* di un *insieme non vuoto A*, indipendentemente dal fatto che siano *numeri* o rispettivamente i *simboli* $-\infty$ e $+\infty$, sono stati denotati con le lettere λ e Λ e nel seguito manterremo tali notazioni.

Una volta introdotti tali *simboli*, per renderne possibile l'uso, nel *paragrafo* 1.16 dello stesso libro, abbiamo fatto le ulteriori *convenzione* che qui riportiamo:

1. $\forall x \in \mathbb{R} \Rightarrow -\infty < x < +\infty$

2. $\forall x \in \mathbb{R} \Rightarrow \begin{cases} x + (-\infty) = -\infty \\ x + (+\infty) = +\infty \\ \frac{x}{-\infty} = \frac{x}{+\infty} = 0 \end{cases}$

3. $\forall x > 0 \Rightarrow \begin{cases} x \cdot (-\infty) = -\infty \\ x \cdot (+\infty) = +\infty \end{cases}$

4. $\forall x < 0 \Rightarrow \begin{cases} x \cdot (-\infty) = +\infty \\ x \cdot (+\infty) = -\infty \end{cases}$

Come si nota, tra le *convenzioni fatte* non compaiono le "espressioni":

$$0 \cdot (\pm\infty) \quad \text{e} \quad -\infty - (+\infty)$$

A queste ultime non viene attribuito alcun significato.
Sempre nello stesso *paragrafo*, abbiamo definito l'*insieme*:

$$\widetilde{\mathbb{R}} = \mathbb{R} \cup \{-\infty, +\infty\}$$

che abbiamo chiamato *insieme dei numeri reali ampliato*.

Poiché l'*insieme* $\mathbb{R}$ viene normalmente denotato come un *intervallo aperto* di *estremi* $-\infty$ e $+\infty$: $\mathbb{R} = (-\infty, +\infty)$, di conseguenza l'*insieme* $\widetilde{\mathbb{R}}$ viene denotato come un *intervallo chiuso* di *estremi* $-\infty$ e $+\infty$: $\widetilde{\mathbb{R}} = [-\infty, +\infty]$.

La *convenzione* 1. è stata fatta per stabilire un *ordinamento* tra gli *elementi* di $\widetilde{\mathbb{R}}$.

Le convenzioni 2., 3. e 4. invece, per poter *operare* sugli *elementi* di $\widetilde{\mathbb{R}}$ con le *quattro operazioni elementari*.

Nel *paragrafo* 1.10 del libro "Limiti e continuità" abbiamo detto:

- Dato un *sottoinsieme non vuoto* A di $\mathbb{R}$, siano λ e Λ i suoi *estremi*.

  Se A è *limitato*, allora λ e Λ sono due *numeri*, cioè due elementi di $\mathbb{R}$ e sono per A *punti di frontiera*; se poi λ e $\Lambda \notin A$, essi sono sicuramente *punti di accumulazione* per esso.

  Se A è *illimitato inferiormente* oppure *superiormente* allora per la *convenzione* che abbiamo ricordato, è rispettivamente $\lambda = -\infty$ e $\Lambda = +\infty$.

Sicuramente nè λ, nè Λ appartengono ad A in quanto non appartengono neanche ad $\mathbb{R}$ e quindi si pone la questione di vedere se $-\infty$ e $+\infty$ sono da riguardare oppure no come *punti d'accumulazione* per A.

Tale questione è stata studiata in *Topologia* ed il risultato di tale studio è questo:

a. se l'*insieme* A è *illimitato inferiormente* allora $\lambda = -\infty$ si considera *punto d'accumulazione* per esso se si riguarda A come *sottoinsieme* di $\widetilde{\mathbb{R}} = [-\infty, +\infty]$ anziché di $\mathbb{R} = (-\infty, +\infty)$

§ 1.18 Funzioni generalmente continue

b. se l'*insieme A* è *illimitato superiormente* allora $\Lambda = +\infty$ si considera *punto d'accumulazione* per esso se si riguarda A come *sottoinsieme* di $\widetilde{\mathbb{R}} = [-\infty, +\infty]$ anziché di $\mathbb{R} = (-\infty, +\infty)$

Nel seguito riguarderemo sempre i *domini A* delle *funzioni*, che prenderemo in esame, come *sottoinsiemi* di $\widetilde{\mathbb{R}}$.

Se il *dominio A* di una *funzione* è *illimitato*, almeno uno dei due *simboli* $-\infty$ e $+\infty$ è *punto d'accumulazione* per esso e quindi, non appartenendo ad A, *punto singolare* per la *funzione*.

Concludendo possiamo dire:

- Se $-\infty$ e $+\infty$, al pari di qualunque punto $x_0 \in \mathbb{R}$, sono *punti d'accumulazione* per il *dominio A* di una *funzione*. allora sono *punti singolari* per essa.

L'unica limitazione che resta per $-\infty$ e $+\infty$ è che, se sono *punti singolari* per una *funzione* e risulta:

$$\lim_{x \to -\infty} f(x) = l_1 \in \mathbb{R}$$

e

$$\lim_{x \to +\infty} f(x) = l_2 \in \mathbb{R}$$

non possono essere *eliminati* come *punti singolari* perché non possono essere *inclusi* nei *domini* delle funzioni (di cui sono punti singolari) in quanto non sono *numeri*.

Occupiamoci ora di una particolare *famiglia di funzioni*: quella delle *funzioni generalmente continue* che nel seguito denoteremo con il simbolo $\mathfrak{F}_G$.

1.18 Funzioni generalmente continue

Partiamo dalla definizione!

Definizione di funzione generalmente continua
Data una funzione reale di una variabile reale

$$f : y = f(x) \quad , x \in A \subseteq \mathbb{R} \subset \widetilde{\mathbb{R}}$$

sia E^f l'*insieme dei* suoi *punti singolari*.

Se:

1. $A \cup E^f$ è un *intervallo limitato* o *illimitato*

2. ad ogni intervallo *aperto* e *limitato* (a, b), che abbia intersezione non vuota con A, appartenga al più un *numero finito* di punti di E^f

allora

si dice che la funzione è *generalmente continua* in $A \cup E^f$.

Facciamo ora le nostre considerazioni sulla *definizione data!*

a. All'*insieme* E^f dei *punti singolari* appartengono i *simboli*: $-\infty$ se il *dominio* A della *funzione* è *illimitato inferiormente*, $+\infty$ se è *illimitato superiormente*, $-\infty$ e $+\infty$ se è *illimitato da ambo le parti*.

b. Poiché i punti di E^f sono *punti d'accumulazione* per A, essi sono:

- o *punti interni* ad A
- o *punti di frontiera* per A

Da qui segue che:

$$A \cup E^f = A \cup \partial A = \overline{A} \text{ (chiusura di } A)$$

quindi $A \cup E^f$ è un *insieme chiuso*; dovendo essere poi per l'*ipotesi* 1. un *intervallo*, è un *intervallo chiuso*, cioè un *intervallo* di uno di questi quattro tipi:

$$[\alpha, \beta], \ [-\infty, \beta], \ [\alpha, +\infty], \ [-\infty, +\infty], \forall \alpha, \beta \in \mathbb{R} \text{ con } \alpha < \beta.$$

La considerazione b. giustifica il perché si parla sempre di *funzione generalmente continua* in un *intervallo chiuso*, *limitato* oppure *no*.

§ 1.19 Funzioni generalmente continue: esempi

c. Se l'*insieme* E^f del *punti singolari* di una *funzione generalmente continua* è contenuto in A (*dominio* della funzione):

$$E^f \subset A \qquad (1.40)$$

allora dovendo essere $A \cup E^f$ un *intervallo chiuso*, quest'ultimo è *limitato*.

Se infatti fosse *illimitato*:

$$[\alpha, +\infty] \; , \; [-\infty, \beta] \; , \; [-\infty, +\infty],$$

$-\infty$, $+\infty$ e $\pm\infty$ nei *tre casi*, appartenendo ad E^f, per la (1.40) apparterrebbero anche ad A; ciò è però assurdo perché, essendo A il *dominio* di f, ad esso *non* possono *appartenere* né $-\infty$, né $+\infty$.

Diamo ora alcuni esempi di *funzioni generalmente continue*!

1.19 Esempi di funzioni generalmente continue

Per ben fissare i concetti esposti, diamo alcuni *esempi* di *funzioni generalmente continue*.

Esempio 1.7

$$f : y = f(x) = e^x \quad , \quad x \in A = (-\infty, +\infty)$$

L'insieme E^f *dei* punti singolari è $E^f = \{-\infty, +\infty\}$.

La funzione è continua *nel suo* dominio $A = (-\infty, +\infty)$ *e* generalmente continua *nella* chiusura *di esso cioè in* $\overline{A} = A \cup E^f = [-\infty, +\infty]$.

Esempio 1.8

$$f : y = f(x) = \log x \quad , \quad x \in A = (0, +\infty)$$

L'insieme *dei* punti singolari è $E^f = \{0, +\infty\}$.

La funzione è continua *nel suo* dominio $A = (0, +\infty)$ *e* generalmente continua *nella* chiusura *di esso cioè in* $\overline{A} = A \cup E^f = [0, +\infty]$.

Esempio 1.9

$$f : y = f(x) = \frac{1}{\sqrt{1-x^2}} \quad , \quad x \in A = (-1, +1)$$

L'insieme *dei* punti singolari è $E^f = \{-1, +1\}$.

La funzione è continua *nel suo* dominio $A = (-1, 1)$ *e* generalmente continua *nella* chiusura *di esso cioè in* $\overline{A} = A \cup E^f = [-1, +1]$.

Esempio 1.10

$$f : y = f(x) = \tan x \quad , \quad x \in A = \{x \in \mathbb{R} : x \neq \frac{\pi}{2} + k\pi \; con \; k \in \mathbb{Z}\}$$

L'insieme *dei* punti singolari è:

$$E^f = \{x \in \mathbb{R} : x = \frac{\pi}{2} + k\pi \; con \; k \in \mathbb{Z}\} \cup \{-\infty, +\infty\}.$$

La funzione è continua *nel suo* dominio A *e* generalmente continua *nella* chiusura *di esso cioè in* $\overline{A} = A \cup E^f = [-\infty, +\infty]$.

Esempio 1.11

$$f : y = f(x) = \cotan x \quad , \quad x \in A = \{x \in \mathbb{R} : x \neq k\pi \; con \; k \in \mathbb{Z}\}$$

L'insieme *dei* punti singolari è:

$$E^f = \{x \in \mathbb{R} : x = k\pi \; con \; k \in \mathbb{Z}\} \cup \{-\infty, +\infty\}.$$

La funzione è continua *nel suo* dominio A *e* generalmente continua *nella* chiusura *di esso cioè in* $\overline{A} = A \cup E^f = [-\infty, +\infty]$.

Sebbene non avremo occasione di farne uso in questo libro, vogliamo segnalare un'importante *sottofamiglia* di $\mathfrak{F}_G$: quella delle *funzioni continue a tratti*.

§ 1.20 Funzioni continue a tratti

1.20 Funzioni continue a tratti

Partiamo dalla definizione!

Definizione di funzione continua a tratti
Data una funzione reale di una variabile reale

$$f : y = f(x) \quad , x \in A \subseteq \mathbb{R} \subset \widetilde{\mathbb{R}}$$

sia E^f l'*insieme* dei suoi *punti singolari*.

Se

1. è una *funzione generalmente continua* in $\overline{A} = A \cup E^f$

2. tutti i suoi *punti singolari* appartenenti ad $\mathbb{R}$ sono *punti di discontinuità di 1^a specie* (indipendentemente dal fatto che appartengano ad A oppure no)

allora

si dice che la funzione è *continua a tratti* in $\overline{A} = A \cup E^f$.

Un esempio di *funzione continua a tratti* è:

$$f : y = f(x) = [x] \quad , x \in A = (-\infty, +\infty) \text{(funzione parte intera)}.$$

Per convincersi di ciò basta osservare il suo *diagramma cartesiano* nel *paragrafo 2.15* del libro "Funzioni reali di una variabile reale".

Ad un'analisi superficiale della *definizione* data, si sarebbe portati a concludere che se una *funzione generalmente continua* è *limitata* allora sicuramente è una *funzione continua a tratti*.

Le cose non stanno così perché il fatto che la *funzione* sia *limitata* non assicura che i *suoi punti singolari*, che appartengono a $\mathbb{R}$, siano *punti di discontinuità di 1ª specie*.

Per convincerci di ciò basta pensare al seguente esempio:

$$f : y = f(x) = \begin{cases} e^x , & x \in (-\infty, 0) \\ \sin \frac{1}{x} , & x \in (0, +\infty) \end{cases}$$

Tale funzione è *generalmente continua* in $\overline{A} = [-\infty, +\infty]$; il suo *unico punto singolare* appartenente a $\mathbb{R}$ è $x_0 = 0$; è *limitata* ma non è *continua a tratti* perché $x_0 = 0$ non è un *punto di discontinuità* di 1^a *specie* in quanto

$$\not\exists \lim_{x \to 0^+} f(x).$$

Occupiamoci ora delle *funzioni monotòne*

1.21 Funzioni monotòne e loro punti singolari

Nel *paragrafo* 2.5 del libro "Funzioni reali di una variabile reale" abbiamo dato la definizione di *funzione monotòna* ben nota allo Studente.

A proposito di funzioni monotòne osserviamo che:

I. se una *funzione monotòna* ha *punti singolari* in $\mathbb{R}$, indipendentemente dal fatto che appartengano o no al dominio, essi sono *punti di discontinuità di 1ª specie*.

II. per quanto riguarda poi l'*insieme dei punti singolari*, se esso non è vuoto, si dimostra che:

   o è un *insieme finito*

   o è un *insieme numerabile*

Per ragioni di spazio, non riportiamo qui la dimostrazione di questo ultimo fatto che lo Studente interessato può trovare in alcuni testi di Analisi Matematica; quello che invece vogliamo osservare è che in ogni caso l'*insieme dei punti singolari* di una qualunque *funzione monotòna* è un insieme *L-misura nulla*.

L'ultimo concetto di cui avremo bisogno nel seguito è quello di *operazione di integrazione indefinita su una data funzione*. Di esso abbiamo già

§ *1.22 Operazione d'integrazione indefinita*   53

parlato nei *paragrafi* 1.17 e 1.18 del libro "Derivabilità, diagrammi e formula di Taylor", ma, per comodità dello Studente, riassumiamo quanto abbiamo là detto.

1.22 Operazione d'integrazione indefinita

Partiamo da una definizione!

> *Definizione di primitiva*
> **Data una funzione f avente per dominio un *intervallo* I, si chiama *primitiva* di essa ogni funzione derivabile F, definita in I, la quale goda della seguente proprietà:**
> $$F' = f \qquad (1.41)$$

Da tale definizione segue:

- Se F_0 è *primitiva* di f, è tale ogni altra funzione del tipo

$$F_0 + c \quad , \quad \forall c \in \mathbb{R} \qquad {}^{11} \qquad (1.42)$$

Possiamo allora *concludere*:

- Se f è dotata di una *primitiva* F_0, allora essa è dotata di infinite *primitive* date dalla (1.42).

Ci chiediamo ora:

- La funzione f, di cui la funzione F_0 è una *primitiva*, è dotata di qualche altra *primitiva* G oltre a quelle date dalla (1.42)? In altre parole può esistere qualche *primitiva* G che non può essere ottenuta da F_0 sommandole una *costante* c?

---
[11]Infatti $(F_0 + c)' = F_0' + c' = f + 0 = f$.

Poiché comunque prendiamo due *primitive* F e G di f, esse soddisfano le ipotesi del *Corollario* 1.9.2 del *teorema di Lagrange*[12] allora ne verificano anche la tesi e quindi:

$$G : y = G(x) = F(x) + c \quad , \quad x \in I$$

La risposta alla nostra domanda è quindi negativa.
Concludendo possiamo allora dire:

- Se f è dotata di una *primitiva* F_0, allora è dotata di infinite *primitive* e la generica di esse è del tipo (1.42).

L'insieme delle infinite primitive di una funzione f (che ne è dotata) si chiama *integrale indefinito* di f e si denota con

$$\int f(x)\, dx \tag{1.43}$$

che si legge "integrale di effe di x in di x".

Diamo un po' di nomi e spieghiamo i simboli che compaiono nella (1.43)!

Il simbolo $\int$ si chiama *simbolo d'integrale indefinito*; $f(x)$ è l'*immagine* che *la legge d'associazione f* della funzione $f : y = f(x), x \in I$ associa al *generico elemento x di I*; tale funzione si chiama *funzione integranda*; la lettera x, *variabile d'integrazione*; il simbolo dx infine non denota un *differenziale* ma, come vedremo nel Capitolo 3, a volte per la memoria è utile considerarlo come tale.

L'operazione che si effettua su di una data funzione f per ottenere il suo *integrale indefinito* si chiama *operazione di integrazione indefinita* o, più comunemente, *calcolo dell'integrale indefinito*.

Mentre l'*operazione di derivazione* associa ad ogni funzione derivabile f *una sola funzione* f' (cioè la sua funzione derivata), l'*operazione di integrazione indefinita* associa ad ogni funzione f (dotata di primitive) *un insieme infinito di funzioni*, cioè il suo *integrale indefinito*.

---

[12]Vedere il *paragrafo* 1.13 del libro "Derivabilità, diagrammi e formula di Taylor".

§ 1.22 Operazione d'integrazione indefinita

Il simbolo (1.43) oltre che per denotare, come abbiamo detto, l'*integrale indefinito*, viene utilizzato anche per denotare la generica *primitiva* F_0+c di f; si scrive cioè:

$$\int f(x)\,dx = F_0(x)+c \quad , \quad \forall x \in I \text{ con } c \in \mathbb{R}$$

e nel seguito anche noi ci atterremo a tale uso.

Si pongono ora naturali tre domande:

I) quali sono le funzioni dotate di *primitive*?

II) come si trovano le *primitive*, espresse in termini di funzioni "elementari", di una funzione che le ha?

III) a che serve conoscere le *primitive* di una funzione (che le ha)?

Le risposte alle domande I) e III) ci verranno dalla *teoria dell'integrazione* di cui parleremo nel prossimo capitolo.

Per quanto riguarda la domanda II), diciamo subito che la ricerca delle *primitive* è in generale difficile; di questo ci occuperemo nel Capitolo 3.

Ora disponiamo di tutti i concetti necessari per esporre la *teoria dell'integrazione di Riemann* e *quella* delle *funzioni generalmente continue*; nel prossimo capitolo ci occuperemo della *prima* delle due *teorie* citate.

Capitolo 2

Teoria dell'integrazione secondo Riemann per funzioni reali di una variabile reale

Esistono varie *teorie dell'integrazione*; tutte hanno come comune "antenato" il "metodo di esaustione" utilizzato dai Greci per calcolare l'*area* di figure geometriche a contorno curvilineo: cerchio, ellisse, segmento di parabola, ecc, ...

Tale metodo è noto allo Studente fin dal Liceo per cui non vogliamo qui parlarne di nuovo.

In questo Capitolo vogliamo invece:

– Esporre la *teoria dell'integrazione secondo Riemann* per funzioni reali di una variabile reale.

Prima di iniziare l'esposizione, diciamo qual è l'*idea* che sta alla base di ogni *teoria dell'integrazione*.

2.1 L'idea di fondo

In ogni *teoria dell'integrazione* si fanno due cose:

I. Si fissa un insieme di funzioni che chiamiamo *famiglia di funzioni*.

II. Si dà un "procedimento" mediante il quale si cerca di associare ad ogni funzione della famiglia fissata un numero, oppure $\pm\infty$ cioè un *elemento* di $\widetilde{\mathbb{R}} = [-\infty, +\infty]$. Nel seguito chiameremo tale "procedimento", "procedimento di associazione".

Le funzioni (della famiglia fissata), alle quali si riesce ad associare tale elemento, sono dette *funzioni integrabili* e l'elemento (associato) è chiamato *integrale della funzione*.

Le funzioni (della famiglia fissata), alle quali non si riesce invece ad associare alcun elemento di $\widetilde{\mathbb{R}}$, sono dette *funzioni non integrabili*.

Se una funzione non appartiene alla *famiglia fissata*, per essa non ha senso dire nè che è *integrabile* nè che *non lo è*.

Da quanto premesso segue che una *teoria dell'integrazione* differisce da un'*altra*:

o per la "famiglia di funzioni" fissata,

o per il "procedimento di associazione" usato.

Passiamo ora ad esporre la *teoria dell'integrazione secondo Riemann* per le funzioni reali di una variabile reale.

2.2 Teoria dell'integrazione secondo Riemann

Riemann fissa la *famiglia di funzioni reali* di una variabile reale le quali verificano le seguenti ipotesi:

1. hanno per dominio un *intervallo chiuso e limitato* $[a, b]$

2. sono *limitate* cioè è limitato il loro codominio

Nel seguito denoteremo tale *famiglia* con il simbolo $\mathfrak{F}_R$[1].

---

[1] Nella famiglia $\mathfrak{F}_R$ vi sono sia *funzioni continue*, sia funzioni con un *numero finito* di *punti di discontinuità*, sia funzioni con *infiniti punti di discontinuità*.

§ 2.2 Teoria dell'integrazione secondo Riemann

Il "procedimento di associazione" usato da Riemann è questo:

- Assegnata una funzione $f : y = f(x)$, $x \in [a,b]$ della *famiglia* $\mathfrak{F}_R$, si effettua una *decomposizione* D del suo dominio $[a,b]$ in n *intervalli parziali*:

$$\begin{aligned} I_1 &= [x_0, x_1] \\ I_2 &= [x_1, x_2] \\ \cdots & \cdots \cdots \\ I_n &= [x_{n-1}, x_n] \end{aligned}$$

e si considerano le n *restrizioni* di f aventi per *domini* i suddetti *intervalli*.

Siccome f è *limitata*, anche le sue n *restrizioni* considerate lo sono; siano rispettivamente $\lambda_1, \lambda_2, \ldots, \lambda_n$ i loro *estremi inferiori* e $\Lambda_1, \Lambda_2, \ldots, \Lambda_n$ i loro *estremi superiori* [2].

Una volta calcolati tali estremi, si costruiscono i due numeri:

$$\begin{aligned} s &= \lambda_1 \cdot \text{mis } I_1 + \lambda_2 \cdot \text{mis } I_2 + \cdots + \lambda_n \cdot \text{mis } I_n = \\ &= \lambda_1 \cdot (x_1 - x_0) + \lambda_2 \cdot (x_2 - x_1) + \cdots + \lambda_n \cdot (x_n - x_{n-1}) \end{aligned}$$

e

$$\begin{aligned} S &= \Lambda_1 \cdot \text{mis } I_1 + \Lambda_2 \cdot \text{mis } I_2 + \cdots + \Lambda_n \cdot \text{mis } I_n = \\ &= \Lambda_1 \cdot (x_1 - x_0) + \Lambda_2 \cdot (x_2 - x_1) + \cdots + \Lambda_n \cdot (x_n - x_{n-1}) \end{aligned}$$

che prendono rispettivamente il nome di *somma inferiore* e *somma superiore di Riemann* relative alla decomposizione D.

Per ricordare la dipendenza di tali somme dalla funzione f e dalla decomposizione D, nel seguito le denoteremo rispettivamente con i *simboli*

---

[2] Per il *teorema di Weierstrass* sicuramente gli *estremi* $\lambda_1, \lambda_2, \ldots, \lambda_n$ e $\Lambda_1, \Lambda_2, \ldots, \Lambda_n$ appartengono ai codomini delle *restrizioni* di f se queste ultime sono funzioni continue. Vedere il *paragrafo* 3.5 del libro "Limiti e continuità".

$s(f, D)$ e $S(f, D)$ anziché con s e S; scriveremo quindi:
$$s(f, D) = \lambda_1 \cdot (x_1 - x_0) + \lambda_2 \cdot (x_2 - x_1) + \cdots + \lambda_n \cdot (x_n - x_{n-1})$$
e
$$S(f, D) = \Lambda_1 \cdot (x_1 - x_0) + \Lambda_2 \cdot (x_2 - x_1) + \cdots + \Lambda_n \cdot (x_n - x_{n-1})$$

La relazione che sussiste tra le *somme* $s(f, D)$ e $S(f, D)$, relative alla stessa *decomposizione* D, è ovviamente questa:
$$s(f, D) \leq S(f, D) \quad ; \tag{2.1}$$
si ha il segno $=$ se la funzione f è *costante* in ogni intervallo della decomposizione D, cioè se le n restrizioni di essa aventi per dominio gli intervalli della decomposizione sono costanti.

Effettuate due *decomposizioni* D e D' di $[a, b]$ non è in generale detto che risulti $\quad s(f, D) \neq s(f, D') \quad$ e $\quad S(f, D) \neq S(f, D')$.

A mostrarcelo è il seguente esempio.

Esempio 2.1 *Sia*
$$f: y = f(x) = \begin{cases} 0 & , \text{ se } x \in [0, 1] \text{ ed è razionale} \\ 1 & , \text{ se } x \in [0, 1] \text{ ed è irrazionale} \end{cases}$$

Tale funzione f, nota come funzione di Dirichlet, *appartiene alla famiglia $\mathfrak{F}_R$ in quanto:*

- *il dominio è l'intervallo $[0, 1]$.*

- *il codominio è l'insieme $\{0, 1\}$ quindi essendo esso un insieme finito è anche limitato.*

Qualunque sia la decomposizione D di $[0, 1]$ che si effettui, si ha:
$$s(f, D) = 0 \cdot (x_1 - x_0) + 0 \cdot (x_2 - x_1) + \cdots + 0 \cdot (x_n - x_{n-1}) = 0$$
e
$$S(f, D) = 1 \cdot (x_1 - x_0) + 1 \cdot (x_2 - x_1) + \cdots + 1 \cdot (x_n - x_{n-1}) =$$
$$= x_n - x_0 = 1 - 0 = 1$$

§ 2.2 Teoria dell'integrazione secondo Riemann

Diamo intanto un primo teorema circa la relazione che sussiste tra le *somme di Riemann* relative a *due decomposizioni D e D'* di $[a, b]$ se è D' più fina di D.

Teorema 2.1 *Data una funzione $f : y = f(x), x \in [a, b]$ della famiglia $\mathfrak{F}_R$ e due decomposizioni D e D' di $[a, b]$,*
se:
   D' è più fina di D
allora:
$$s(f, D) \leq s(f, D') \leq S(f, D') \leq S(f, D) \qquad (2.2)$$

Dimostrazione
Se ad esempio D' è stata attenuata da $D\{x_0, x_1, x_2, \ldots, x_{n-1}, x_n\}$ con l'inserimento di un punto $\overline{x}$ tra i punti x_0 e x_1, le somme $s(f, D')$ e $S(f, D')$ si ottengono dalle somme $s(f, D)$ e $S(f, D)$ sostituendo rispettivamente i termini:

$$\lambda_1 \cdot (x_1 - x_0) \qquad \text{con} \qquad \lambda_1' \cdot (\overline{x} - x_0) + \lambda_1'' \cdot (x_1 - \overline{x})$$
e
$$\Lambda_1 \cdot (x_1 - x_0) \qquad \text{con} \qquad \Lambda_1' \cdot (\overline{x} - x_0) + \Lambda_1'' \cdot (x_1 - \overline{x})$$

Poiché dei due estremi λ_1' e λ_1'' l'uno è uguale a λ_1 e l'altro è maggiore o uguale, si ha:

$$\lambda_1 \cdot (x_1 - x_0) \leq \lambda_1' \cdot (\overline{x} - x_0) + \lambda_1'' \cdot (x_1 - \overline{x})$$

da cui segue:
$$s(f, D) \leq s(f, D')$$

In modo analogo si ragiona per provare che:
$$S(f, D') \leq S(f, D)$$

c.v.d.

Poiché infinite sono le *decomposizioni D* del *dominio* $[a,b]$ della funzione f che si possono effettuare, ed a ciascuna di esse restano associate una *somma inferiore* $s(f,D)$ ed una *somma superiore* $S(f,D)$, siano rispettivamente $\{s(f,D)\}$ e $\{S(f,D)\}$ gli insiemi da esse costituiti[3].

Vogliamo indagare di quale proprietà godono tali insiemi.

La chiave di tale indagine ce la fornisce il seguente teorema.

Teorema 2.2 *Ogni somma inferiore di Riemann è minore o uguale di ogni somma superiore.*

Dimostrazione

Prese una *somma inferiore* ed una *somma superiore*, se provengono dalla *stessa decomposizione D* di $[a,b]$, per la (2.1), la proprietà è dimostrata.

Se provengono da *due decomposizioni distinte* ma *confrontabili*, per la (2.2), anche in questo caso la proprietà è dimostrata.

Se provengono infine da *due decomposizioni distinte* ma *non confrontabili*, presa una *decomposizione D^** più *fina* sia di D che di D', sempre per la (2.2), possiamo scrivere:

$$s(f,D) \leq s(f,D^*) \leq S(f,D^*) \leq S(f,D)$$

e

$$s(f,D') \leq s(f,D^*) \leq S(f,D^*) \leq S(f,D')$$

da cui segue immediatamente che $s(f,D) \leq S(f,D')$. **c.v.d.**

Tale teorema ci permette di concludere:

1. Ogni *somma superiore di Riemann* è un *maggiorante* per l'insieme $\{s(f,D)\}$ e pertanto quest'ultimo è *limitato superiormente*. Il suo estremo superiore è quindi un numero che chiamiamo *integrale inferiore di Riemann della funzione f* e denotiamo con il simbolo

$$\int_{*[a,b]} f(x)\,dx$$

che si legge "integrale inferiore esteso ad $[a,b]$ di effe di x in di x".

---

[3]Come ci ha mostrato l'esempio 2.1, tali insiemi possono essere costituiti anche da un solo elemento.

§ 2.2 Teoria dell'integrazione secondo Riemann

2. Ogni *somma inferiore di Riemann* è un *minorante* per l'insieme $\{S(f,D)\}$ e pertanto quest'ultimo è *limitato inferiormente*. Il suo estremo inferiore è quindi un numero che chiamiamo *integrale superiore di Riemann della funzione f* e denotiamo con il simbolo

$$\int^*_{[a,b]} f(x)\, dx$$

che si legge "integrale superiore esteso ad $[a,b]$ di effe di x in di x".

Tra gli *integrali inferiore* e *superiore* di Riemann di una data funzione f sussiste la relazione evidente:

$$\int_{*\,[a,b]} f(x)\, dx \leq \int^*_{[a,b]} f(x)\, dx \qquad . \qquad (2.3)$$

Se nella (2.3) vale il segno =, si dice che la funzione f è *integrabile secondo Riemann*; il comune valore degli integrali inferiore e superiore si chiama *integrale di Riemann della funzione f* e si denota con il simbolo:

$$\int_{[a,b]} f(x)\, dx$$

che si legge "integrale esteso ad $[a,b]$ di effe di x in di x".

Come nel caso dell'*integrale indefinito*, anche qui la funzione f si chiama *funzione integranda*; la lettera x, *variabile di integrazione*; il simbolo dx neanche qui denota un differenziale ma come vedremo nel Capitolo 3, a volte è utile per la memoria considerarlo come tale.

Non bisogna credere che tutte le funzioni della *famiglia* $\mathfrak{F}_R$ siano *integrabili*.
Per togliersi tale illusione basta pensare alla funzione dell'*esempio 2.1*.
Tale funzione appartiene appunto alla *famiglia* $\mathfrak{F}_R$ e poiché, qualunque sia la *decomposizione D* del suo *dominio* $[0,1]$ che si effettui, si ha:

$$s(f,D) = 0 \qquad \text{e} \qquad S(f,D) = 1$$

gli insiemi $\{s(f,D)\}$ e $\{S(f,D)\}$ sono costituiti da un solo elemento:

$$\{s(f,D)\} = \{0\} \quad \text{e} \quad \{S(f,D)\} = \{1\}.$$

Si ha allora:

$$\sup\{s(f,D)\} = \int_{*[0,1]} f(x)\,dx = 0$$

e

$$\inf\{S(f,D)\} = \int_{[0,1]}^{*} f(x)\,dx = 1.$$

Essendo:

$$\int_{*[0,1]} f(x)\,dx < \int_{[0,1]}^{*} f(x)\,dx$$

concludiamo che tale funzione *non è integrabile*.

Poiché non tutte le funzioni della *famiglia* $\mathfrak{F}_R$ sono *integrabili*, viene naturale chiedersi quali di esse lo sono.

I *criteri* che enunceremo ci daranno la risposta!

2.3 Criterio di integrabilità di Riemann

Un primo criterio di integrabilità, legato alla definizione stessa di integrale, è espresso dal seguente teorema:

Teorema 2.3 - *Primo criterio di integrabilità di Riemann*
Data una funzione f della famiglia $\mathfrak{F}_R$, condizione necessaria e sufficiente affinché essa sia integrabile è che per ogni $\varepsilon > 0$ esista una decomposizione D_ε di $[a,b]$ tale che risulti $S(f,D_\varepsilon) - s(f,D_\varepsilon) < \varepsilon$.
In simboli:

$$\forall \varepsilon > 0 \quad \exists D_\varepsilon \ di\ [a,b]\ :\ S(f,D_\varepsilon) - s(f,D_\varepsilon) < \varepsilon \qquad (2.4)$$

§ 2.3 Criterio di integrabilità di Riemann

Dimostrazione
Necessità - Poiché f è integrabile si ha:

$$\sup\{s(f,D)\} = \inf\{S(f,D)\} = \int_{[a,b]} f(x)\, dx \quad ;$$

dal fatto che sia

$$\sup\{s(f,D)\} = \int_{[a,b]} f(x)\, dx \quad ,$$

per la definizione di *sup* di un insieme, si ha che $\int_{[a,b]} f(x)\, dx$ è il "più piccolo" dei maggioranti l'insieme $\{s(f,D)\}$ quindi:

- comunque si fissi un numero $\varepsilon > 0$ esiste una decomposizione D_1 di $[a,b]$ che genera una *somma inferiore* $s(f, D_1)$ tale che

$$s(f, D_1) > \int_{[a,b]} f(x)\, dx - \frac{\varepsilon}{2} \qquad (2.5)$$

  cioè il numero $\int_{[a,b]} f(x)\, dx - \frac{\varepsilon}{2}$ non è un maggiorante dell'insieme $\{s(f,D)\}$.

Analogamente dal fatto che sia

$$\inf\{S(f,D)\} = \int_{[a,b]} f(x)\, dx$$

per la definizione di *inf* di un insieme, si ha che $\int_{[a,b]} f(x)\, dx$ è il "più grande" dei minoranti l'insieme $\{S(f,D)\}$ quindi:

- comunque si fissi un numero $\varepsilon > 0$ esiste una decomposizione D_2 di $[a,b]$ che genera una *somma superiore* $S(f, D_2)$ tale che

$$S(f, D_2) < \int_{[a,b]} f(x)\, dx + \frac{\varepsilon}{2} \qquad (2.6)$$

  cioè il numero $\int_{[a,b]} f(x)\, dx + \frac{\varepsilon}{2}$ non è un minorante dell'insieme $\{S(f,D)\}$.

Dalle (2.5) e (2.6) segue che:

$$S(f, D_2) - s(f, D_1) < \left(\int_{[a,b]} f(x)\, dx + \frac{\varepsilon}{2} \right) - \left(\int_{[a,b]} f(x)\, dx - \frac{\varepsilon}{2} \right)$$

cioè

$$S(f, D_2) - s(f, D_1) < \varepsilon \qquad (2.7)$$

Se denotiamo con D_ε una decomposizione di $[a, b]$ *più fina* sia di D_1 che di D_2, poiché per la (2.2) si ha:

$$S(f, D_2) \geq S(f, D_\varepsilon)$$

e

$$s(f, D_1) \leq s(f, D_\varepsilon) \quad ,$$

il primo membro della (2.7) è maggiore o uguale di $S(f, D_\varepsilon) - s(f, D_\varepsilon)$ e quindi, sempre dalla (2.7), segue che:

$$S(f, D_\varepsilon) - s(f, D_\varepsilon) < \varepsilon$$

cioè la (2.4).

Sufficienza - Dobbiamo provare che se f verifica la (2.4) allora è integrabile cioè nella (2.3) vale il segno di $=$.

Poiché qualunque sia la *decomposizione* D di $[a, b]$ che si consideri risulta

$$S(f, D) \geq \int_{[a,b]}^{*} f(x)\, dx$$

e

$$s(f, D) \leq \int_{*[a,b]} f(x)\, dx$$

si ha:

$$\int_{[a,b]}^{*} f(x)\, dx - \int_{*[a,b]} f(x)\, dx \leq S(f, D) - s(f, D). \qquad (2.8)$$

§ 2.3 Criterio di integrabilità di Riemann

Siccome per ipotesi fissato un numero $\varepsilon > 0$ esiste una *decomposizione* D_ε di $[a,b]$ tale che $S(f, D_\varepsilon) - s(f, D_\varepsilon) < \varepsilon$, dalla (2.8) segue che:

$$\int_{[a,b]}^* f(x)\, dx - \int_{*[a,b]} f(x)\, dx < \varepsilon.$$

Data l'arbitrarietà di ε, concludiamo che

$$\int_{[a,b]}^* f(x)\, dx = \int_{*[a,b]} f(x)\, dx$$

e quindi f è *integrabile*. **c.v.d.**

Utilizzando tale teorema come *condizione sufficiente di integrabilità*, possiamo provare i due teoremi che seguono.

Teorema 2.4 *Tutte le funzioni continue della famiglia $\mathfrak{F}_R$ sono integrabili.*

Dimostrazione
Sia $f : y = f(x)\, , x \in [a,b]$ una qualunque funzione continua della *famiglia*; per dimostrare la sua *integrabilità* basta far vedere che è verificata la (2.4).

Poiché f è continua ed il suo dominio è un intervallo $[a,b]$ (insieme chiuso e limitato), per il *teorema di Heine-Cantor*, è uniformemente continua[4] e quindi:

- Comunque si fissi un numero positivo ε esiste in corrispondenza un numero positivo δ_ε tale che in ogni intervallo contenuto in $[a,b]$ di ampiezza minore di δ_ε l'*oscillazione della restrizione* di f[5] avente per dominio tale intervallo è minore di ε.

---
[4] Per la definizione di *funzione uniformemente continua* e per il *teorema di Heine-Cantor*, vedere i *paragrafi* 3.7 e 3.11 del libro "Limiti e continuità".
[5] Per la definizione di *oscillazione di una funzione* vedere il *paragrafo* 3.3 del libro "Limiti e continuità".

Fissato allora un numero $\varepsilon > 0$, sia D una decomposizione di $[a,b]$ di *norma* $\delta < \delta_\varepsilon$; si ha:

$$\begin{aligned} S(f,D) - s(f,D) &= (\Lambda_1 - \lambda_1) \cdot \delta_1 + (\Lambda_2 - \lambda_2) \cdot \delta_2 + \cdots + \\ & \quad + (\Lambda_n - \lambda_n) \cdot \delta_n \leq \\ &\leq \varepsilon \cdot \delta_1 + \varepsilon \cdot \delta_2 + \cdots + \varepsilon \cdot \delta_n = \\ &= \varepsilon \cdot (\delta_1 + \delta_2 + \cdots + \delta_n) = \varepsilon \cdot (b-a). \end{aligned}$$

Poichè ε è arbitrario, anche $\varepsilon \cdot (b-a)$ lo è e quindi la (2.4) è verificata.

c.v.d.

Ora che abbiamo dimostrato l'*integrabilità* delle funzioni continue, la nostra indagine è rivolta esclusivamente a scoprire quali delle funzioni della *famiglia* $\mathfrak{F}_R$, aventi *punti di discontinuità*, sono *integrabili*.

Un primo risultato ce lo fornisce quest'altro teorema.

Teorema 2.5 *Tutte le funzioni monotòne della* famiglia $\mathfrak{F}_R$ *sono integrabili.*

Dimostrazione
Sia $f: y = f(x)$, $x \in [a,b]$ una qualunque funzione monotóna della famiglia. Sappiamo che per essa si possono presentare tre casi:

– è una funzione *continua*

– è una funzione con un *numero finito* di punti di discontinuità

– è una funzione con una *infinità numerabile* di punti di discontinuità.

Nel primo caso la funzione è integrabile per il *teorema 2.4*, negli altri due casi resta da provare la sua integrabilità.

Limitiamoci a dimostrare il teorema nell'ipotesi che f sia *monotòna crescente*[6].

Anche qui, per dimostrare la sua integrabilità, come nella dimostrazione del teorema precedente, faremo vedere che è verificata la (2.4).

---

[6]Se f è *monotòna non crescente, decrescente* o *non decrescente* la dimostrazione è analoga e viene lasciata come esercizio allo Studente.

§ 2.3 Criterio di integrabilità di Riemann

Se fissiamo una qualunque decomposizione $D\{x_0, x_1, \ldots, x_{n-1}, x_n\}$ di $[a,b]$, per la crescenza della funzione f si ha: $\lambda_1 = f(x_0)$, $\Lambda_1 = f(x_1)$; $\lambda_2 = f(x_1)$, $\Lambda_2 = f(x_2)$; $\ldots$; $\lambda_n = f(x_{n-1})$, $\Lambda_n = f(x_n)$ e pertanto:

$$S(f,D) - s(f,D) =$$
$$= (\Lambda_1 - \lambda_1) \cdot (x_1 - x_0) + \cdots + (\Lambda_n - \lambda_n) \cdot (x_n - x_{n-1}) =$$
$$= [f(x_1) - f(x_0)] \cdot (x_1 - x_0) + \cdots + [f(x_n) - f(x_{n-1})] \cdot (x_n - x_{n-1})$$

Se δ è la *norma* della composizione D, poiché ogni intervallo della decomposizione ha *ampiezza* $\leq \delta$, si ha:

$$S(f,D) - s(f,D) \leq$$
$$\leq [f(x_1) - f(x_0)] \cdot \delta + [f(x_2) - f(x_1)] \cdot \delta + \cdots + [f(x_n) - f(x_{n-1})]\delta =$$
$$= \{[f(x_1) - f(x_0)] + [f(x_2) - f(x_1)] + \cdots + [f(x_n) - f(x_{n-1})]\} \cdot \delta =$$
$$= [f(x_n) - f(x_0)] \cdot \delta = [f(b) - f(a)] \cdot \delta.$$

Ciò premesso, se fissiamo un qualunque numero $\varepsilon > 0$, sicuramente risulta $S(f,D) - s(f,D) < \varepsilon$ se scegliamo $\delta < \frac{\varepsilon}{f(b)-f(a)}$.

La (2.4) è pertanto verificata; essendo essa una *condizione sufficiente* (oltre che *necessaria*) di integrabilità, la funzione f è integrabile.
c.v.d.

Resta ora da indagare se, oltre alle *funzioni monotóne*, vi sono *altre funzioni* nella famiglia $\mathfrak{F}_R$, aventi un *numero finito o infinito* di *punti di discontinuità*, che sono integrabili.

La *funzione di Dirichlet* (*Esempio 2.1*) ci ha mostrato infatti che non tutte le funzioni (della famiglia) lo sono.

Poiché nel *primo criterio di integrabilità di Riemann* (teorema 2.3) non si vede quando i *punti di discontinuità* della funzione impediscono che i due insiemi $\{s(f,D)\}$ e $\{S(f,D)\}$ siano *contigui* e quindi che la funzione f sia *integrabile*, molti Matematici hanno indagato su tale questione e sono pervenuti ai seguenti *criteri necessari e sufficienti di integrabilità*:

– secondo criterio di integrabilità di Riemann

– criterio di DuBois Reymond

– *criterio di Lebesgue-Vitali*

Di questi ultimi vogliamo occuparci solo del *criterio di Lebesgue-Vitali*, di facile impiego nelle applicazioni.

2.4 Criterio di integrabilità di Lebesgue-Vitali

Enunciamolo!

Teorema 2.6 - *Criterio di integrabilità di Lebesgue - Vitali*
Data una funzione f della famiglia $\mathfrak{F}_R$, condizione necessaria e sufficiente *affinché essa sia integrabile è che l'insieme* E^f *dei suoi punti di discontinuità sia* L-misura nulla.

Di tale teorema non diamo la dimostrazione che rimandiamo a qualche corso più avanzato di Analisi Matematica, ma limitiamoci a farne un rapido commento.

Commento
Il *criterio di integrabilità di Lebesgue-Vitali* ci dice che una *funzione f* della famiglia $\mathfrak{F}_R$ è *integrabile* anche se l'insieme E^f dei suoi *punti di discontinuità* è infinito, addirittura "più numeroso" di un insieme numerabile a patto che sia *L-misura nulla*.

Per decidere quindi se una *funzione f* della famiglia $\mathfrak{F}_R$ è *integrabile*, basta:

– riconoscere quali sono i suoi *punti di discontinuità*

– verificare se l'*insieme E^f* da essi costituito è *L-misura nulla*

Spieghiamoci con due esempi!

Esempio 2.2 *Il teorema 2.5, con l'impiego del teorema 2.3 (primo criterio di integrabilità di Riemann) ci ha mostrato che ogni funzione monotòna della famiglia $\mathfrak{F}_R$ è integrabile.*

§ 2.4 Criterio di integrabilità di Lebesgue-Vitali

A tale conclusione si perviene molto più rapidamente tenendo presente che l'insieme dei punti di discontinuità di una funzione monotòna, se non è vuoto, è un insieme finito o numerabile; in ogni caso si tratta di un insieme L-*misura nulla e quindi, per il teorema 2.6, ogni funzione monotòna della famiglia* $\mathfrak{F}_R$ *è integrabile.*

Esempio 2.3 *Servendoci delle definizioni di funzione integrabile, abbiamo constatato che la funzione dell'esempio 2.1 non è integrabile.*

A tale conclusione si perviene molto più rapidamente osservando che ogni punto del dominio $[0,1]$ *di tale funzione è punto di discontinuità della stessa.*

L'insieme E^f *dei punti di discontinuità è quindi* $[0,1]$. *Non essendo quest'ultimo un insieme* L-*misura nulla, concludiamo che tale funzione non è integrabile.*

Vediamo ora come, tenuto conto del fatto che ogni insieme contenuto in un insieme *L-misura nulla* è *L-misura nulla*, il criterio di Lebesgue-Vitali ci consente di dare una rapida risposta ai seguenti quesiti:

1. Data una funzione limitata f di dominio $[a,b]$, se f è integrabile, la funzione $|f|$ è integrabile?

2. Data una funzione limitata f di dominio $[a,b]$, se f è integrabile, la funzione $k \cdot f$ (con $k \in \mathbb{R}$) è integrabile?

3. Data una funzione limitata f di dominio $[a,b]$, se f è integrabile, ogni sua restrizione avente per dominio un intervallo $[\alpha, \beta]$, è integrabile?

4. Date due funzioni limitate f e g di dominio $[a,b]$, se f e g sono integrabili, le funzioni $f+g$ e $f \cdot g$ sono integrabili?

5. Date due funzioni limitate f e g di dominio $[a,b]$ con $g(x) \neq 0$ $\forall x \in [a,b]$, se f e g sono integrabili, la funzione $\frac{f}{g}$ è integrabile?

Andiamo in ordine nelle nostre risposte!

1. Dalla limitatezza di f segue la limitatezza di $|f|$ quindi $|f|$ appartiene alla famiglia $\mathfrak{F}_R$. Essendo f integrabile, il *teorema 2.6* (usato come condizione necessaria) assicura che l'insieme E^f dei suoi punti di discontinuità è *L-misura nulla*.

   Poiché l'insieme $E^{|f|}$ dei punti di discontinuità di $|f|$ è contenuto in E^f, essendo quest'ultimo *L-misura nulla*, anche $E^{|f|}$ è *L-misura nulla* e quindi, per il *teorema 2.6* (usato come condizione sufficiente), $|f|$ è integrabile.

2. Se è $k = 0$, la funzione $k \cdot f$ è la *funzione identicamente nulla* e quindi, essendo essa continua, per il *teorema 2.4*, è integrabile.

   Se è $k \neq 0$, dalla limitatezza di f segue la limitatezza di $k \cdot f$ quindi $k \cdot f$ appartiene alla famiglia $\mathfrak{F}_R$.

   Essendo f integrabile, il *teorema 2.6* (usato come condizione necessaria) assicura che l'insieme E^f dei suoi punti di discontinuità è *L-misura nulla*.

   Poiché l'insieme $E^{k \cdot f}$ dei punti di discontinuità di $k \cdot f$ coincide con E^f, si ha $\mu(E^{k \cdot f}) = 0$ e quindi, per il *teorema 2.6* (usato come condizione sufficiente), $k \cdot f$ è integrabile.

3. Dalla limitatezza di f segue la limitatezza della restrizione di f considerata, quindi quest'ultima appartiene alla famiglia $\mathfrak{F}_R$.

   Essendo f integrabile, il *teorema 2.6* (usato come condizione necessaria) assicura che l'insieme E^f dei suoi punti di discontinuità è *L-misura nulla*.

   Poiché l'insieme dei punti di discontinuità della restrizione considerata è contenuto in E^f allora è un insieme *L-misura nulla* e quindi, per il *teorema 2.6* (usato come condizione sufficiente), la restrizione considerata è integrabile.

4. Dalla limitatezza di f e g segue la limitatezza di $f + g$ e $f \cdot g$ e quindi queste ultime appartengono alla famiglia $\mathfrak{F}_R$.

   Essendo f e g integrabili, il *teorema 2.6* (usato come condizione necessaria) assicura che gli insiemi E^f ed E^g dei loro punti di di-

§ 2.4 Criterio di integrabilità di Lebesgue-Vitali

scontinuità sono *L-misura nulla* e quindi l'insieme $E^f \cup E^g$ è un insieme *L-misura nulla*.

Poiché gli insiemi E^{f+g} ed $E^{f \cdot g}$ sono contenuti in $E^f \cup E^g$ allora sono insiemi *L-misura nulla* e quindi, per il *teorema 2.6* (usato come condizione sufficiente), le funzioni $f + g$ e $f \cdot g$ sono integrabili.

5. Dalla limitatezza di f e g, contrariamente a ciò che accade per le *funzioni* $f + g$ e $f \cdot g$, non segue la limitatezza di $\frac{f}{g}$ [7] per cui non sempre quest'ultima appartiene alla *famiglia* $\mathfrak{F}_R$.

Se però appartiene alla *famiglia* $\mathfrak{F}_R$, cioè se è *limitata*, essendo f e g integrabili, il *teorema 2.6* (usato come condizione necessaria) assicura che gli insiemi E^f ed E^g dei loro punti di discontinuità sono *L-misura nulla* e quindi l'insieme $E^f \cup E^g$ è un insieme *L-misura nulla*.

Poiché l'insieme $E^{\frac{f}{g}}$ è contenuto in $E^f \cup E^g$ allora è un insieme *L-misura nulla* e quindi, per il per il *teorema 2.6* (usato come condizione sufficiente), la funzione $\frac{f}{g}$ è *integrabile*.

Si pone ora il problema di indagare se ci sono delle *relazioni* tra gli *integrali* delle *funzioni* f e g assegnate e quelli delle *funzioni* che abbiamo costruito a partire da esse.

---

[7]Basta pensare all'esempio:

$$f : y = f(x) = e^x \, , \ x \in \left[0, \frac{\pi}{2}\right] \quad \text{e} \quad g : y = g(x) = \begin{cases} \sin x & , x \in \left(0, \frac{\pi}{2}\right] \\ 1 & , x = 0 \end{cases}$$

si ha

$$\frac{f}{g} : y = \left(\frac{f}{g}\right)(x) = \frac{f(x)}{g(x)} = \begin{cases} \frac{e^x}{\sin x} & , x \in \left(0, \frac{\pi}{2}\right] \\ \frac{1}{1} = 1 & , x = 0 \end{cases}$$

Si ha infatti:

$$\lim_{x \to 0^+} \left(\frac{f}{g}\right)(x) = \lim_{x \to 0^+} \frac{e^x}{\sin x} = +\infty \quad \text{quindi la funzione } \frac{f}{g} \text{ non è } \textit{limitata}.$$

Poiché, se tali *relazioni* esistono, esse non sono altro che *proprietà* degli *integrali*, all'esaminare queste ultime abbiamo la risposta al problema che ci siamo posti.

Occupiamoci allora delle *proprietà* degli integrali!

2.5 Proprietà degli integrali

Enunciamo ora alcuni teoremi che esprimono altrettante *proprietà* degli integrali.

Al fine di snellire gli enunciati di alcuni di essi, introduciamo una *locuzione* largamente usata in Analisi Matematica che ci consente di esprimere in modo conciso il verificarsi della seguente circostanza:

- Data una funzione $f : y = f(x)$, $x \in [a,b]$, sia E un insieme *L-misura nulla* contenuto in $[a,b]$.

  Se f gode di determinate *proprietà*, come ad esempio di essere *continua, derivabile, ...* in ogni punto $x \in [a,b] - E$, si dice che f gode di tale proprietà *quasi ovunque* in $[a,b]$ e si scrive "q.o. in $[a,b]$", quindi per esprimere ad esempio la circostanza che f è continua in ogni punto $x \in [a,b] - E$, si dice che f è continua *quasi ovunque* in $[a,b]$ e si scrive: f è continua q.o. in $[a,b]$, ecc ...

Ecco i teoremi!

Teorema 2.7 *Data una funzione*

$$f : y = f(x) \quad , \quad x \in [a,b]$$

se

 f è integrabile
allora
 $k \cdot f$ ($\forall k \in \mathbb{R}$) *lo è pure e risulta:*

$$\int_{[a,b]} (k \cdot f)(x)\, dx = \int_{[a,b]} k \cdot f(x)\, dx = k \cdot \int_{[a,b]} f(x)\, dx \qquad (2.9)$$

§ 2.5 Proprietà degli integrali

Teorema 2.8 *Date due funzioni*

$$f : y = f(x) \quad , \quad x \in [a,b]$$
$$g : y = g(x) \quad , \quad x \in [a,b]$$

se:

  f e g sono integrabili,
allora
  $f + g$ lo è pure e risulta:

$$\int_{[a,b]} (f+g)(x)\, dx = \int_{[a,b]} [f(x) + g(x)]\, dx = \int_{[a,b]} f(x)\, dx + \int_{[a,b]} g(x)\, dx \tag{2.10}$$

Dai *teoremi 2.7* e *2.8* segue che:

- se $f_1, f_2, \ldots, f_n$ sono *n funzioni integrabili* aventi per dominio lo stesso intervallo $[a,b]$, comunque si fissino n numeri $c_1, c_2, \ldots, c_n$, la funzione $c_1 \cdot f_1 + c_2 \cdot f_2 + \cdots + c_n \cdot f_n$ è *integrabile* e risulta:

$$\int_{[a,b]} (c_1 \cdot f_1 + c_2 \cdot f_2 + \cdots + c_n \cdot f_n)(x)\, dx =$$
$$= \int_{[a,b]} [c_1 \cdot f_1(x) + c_2 \cdot f_2(x) + \cdots + c_n \cdot f_n(x)]\, dx =$$
$$= c_1 \cdot \int_{[a,b]} f_1(x)\, dx + c_2 \cdot \int_{[a,b]} f_2(x)\, dx + \cdots + c_n \cdot \int_{[a,b]} f_n(x)\, dx \tag{2.11}$$

La (2.11) ci dice che il "procedimento" mediante il quale si associa ad una *funzione integrabile* il suo *integrale* è un'operazione che gode della *proprietà di linearità*.

Teorema 2.9 *Data una funzione*

$$f : y = f(x) \quad , \quad x \in [a,b]$$

se:

- f è integrabile

- q.o. in $[a,b]$ risulta $f(x) \geq 0$

allora
$$\int_{[a,b]} f(x)\, dx \geq 0. \tag{2.12}$$

Teorema 2.10 *Date due funzioni*
$$\begin{aligned} f &: y = f(x) \quad,\quad x \in [a,b] \\ g &: y = g(x) \quad,\quad x \in [a,b] \end{aligned}$$

se:

- *entrambe sono integrabili*

- *q.o. in $[a,b]$ risulta $f(x) \leq g(x)$*

allora
$$\int_{[a,b]} f(x)\, dx \leq \int_{[a,b]} g(x)\, dx \tag{2.13}$$

Teorema 2.11 *Data una funzione*
$$f : y = f(x) \quad,\quad x \in [a,b]$$

se

- f *è integrabile*

allora
$|f|$ *lo è pure e risulta:*
$$\left| \int_{[a,b]} f(x)\, dx \right| \leq \int_{[a,b]} |f(x)|\, dx \tag{2.14}$$

§ 2.5 Proprietà degli integrali

Osserviamo che non sussiste il *teorema inverso*, cioè se $|f|$ è *integrabile*, non è detto che f lo sia.

Detti infatti $E^{|f|}$ ed E^f rispettivamente gli *insiemi* dei *punti di discontinuità* di $|f|$ ed f, sappiamo che tra essi esiste la *relazione* $E^{|f|} \subseteq E^f$.

Dal fatto che $|f|$ sia *integrabile* segue che $E^{|f|}$ è *L-misura nulla*; ciò non implica però che anche E^f sia *L-misura nulla* per cui non è detto che f sia *integrabile*.

Per convincerci di ciò basta pensare alle *funzioni*:

$$f : y = f(x) = \begin{cases} -1 & , x \in [a,b] \text{ ed è razionale} \\ +1 & , x \in [a,b] \text{ ed è irrazionale} \end{cases}$$

e

$$|f| : y = |f|(x) = |f(x)| = +1 \quad , x \in [a,b] \quad .$$

La *funzione* $|f|$ è *integrabile* perché *continua*: $E^{|f|} = \Phi$ e quindi $\mu\left(E^{|f|}\right) = 0$ mentre la *funzione* f non è *integrabile* perché $E^f = [a,b]$ e quindi $\mu\left(E^f\right) = b - a \neq 0$.

Teorema 2.12 *Data una funzione*

$$f : y = f(x) \quad , \quad x \in [a,b]$$

sia c un qualunque punto interno ad $[a,b]$.
Se

- *f è integrabile*

allora

$$\int_{[a,b]} f(x)\,dx = \int_{[a,c]} f(x)\,dx + \int_{[c,b]} f(x)\,dx \qquad (2.15)$$

Vedremo nel seguito che tale teorema ha una grande importanza applicativa nel *calcolo degli integrali* di funzioni la cui *legge d'associazione* non è rappresentata da una sola "formula" in tutto $[a,b]$, come ad esempio accade per la funzione:

$$f : y = f(x) \begin{cases} \sin x & , x \in [-\pi, 0) \\ e^x & , x \in [0, \pi]. \end{cases}$$

Teorema 2.13 - *Teorema della media*
Data una funzione

$$f : y = f(x) \quad , \quad x \in [a, b]$$

se

- *f è integrabile*

allora

esiste un numero $\vartheta \in [\lambda_f, \Lambda_f]$ tale che:

$$\int_{[a,b]} f(x)\, dx = \vartheta \cdot (b - a) \quad . \tag{2.16}$$

Il numero ϑ che compare nella (2.16), cioè

$$\vartheta = \frac{1}{b-a} \cdot \int_{[a,b]} f(x)\, dx. \tag{2.17}$$

si chiama *valore medio della funzione*.

In particolare:

- se f è continua, ϑ appartiene al suo codominio [8] e quindi esiste almeno un punto $\xi \in [a, b]$ tale che $f(\xi) = \vartheta$. In tal caso la (2.16) diviene:

$$\int_{[a,b]} f(x)\, dx = f(\xi) \cdot (b - a). \tag{2.18}$$

Teorema 2.14 *Data una funzione*

$$f : y = f(x) \quad , \quad x \in [a, b]$$

sia E un insieme J - misura nulla contenuto in $[a, b]$.
Se:

   f è integrabile

---
[8]Vedere il *Teorema* 3.6 (Teorema dei valori intermedi) nel *paragrafo* 3.5 del libro "Limiti e continuità".

allora
   la funzione

$$g: y = g(x) = \begin{cases} f(x) & , x \in [a,b] - E \\ \neq f(x) & , x \in E \end{cases}$$

se è limitata è anche essa integrabile e risulta:

$$\int_{[a,b]} g(x)\, dx = \int_{[a,b]} f(x)\, dx \qquad (2.19)$$

Facciamo ora i nostri commenti al teorema che abbiamo appena enunciato!

2.6 Commenti al teorema 2.14

I) Se l'insieme E di cui si parla nell'enunciato del *teorema* invece di essere un insieme *J-misura nulla* fosse *L-misura nulla*, la funzione g che si ottiene dalla funzione f cambiando le immagini dei punti $x \in E$ potrebbe non risultare *integrabile*, come ci mostra il seguente esempio.

Esempio 2.4 *Sia* $f: y = f(x) = 1$, $x \in [a,b]$.

Tale funzione è integrabile *perché continua e il suo* integrale *è:*

$$\int_{[a,b]} f(x)\, dx = \int_{[a,b]} 1\, dx = 1 \cdot (b-a) = b - a \quad .$$

Consideriamo ora l'insieme E dei numeri razionali appartenenti ad $[a,b]$. Sappiamo che tale insieme è L-misura nulla.

Se a partire dalla funzione f costruiamo la funzione g associando come immagine ai punti $x \in E$ il numero zero, otteniamo la funzione di Dirichlet che, come abbiamo visto nell'esempio 2.1, non è integrabile.

II) Si può dimostrare che, pur essendo l'insieme E *L-misura nulla*, se la funzione g è *integrabile* allora gli *integrali* di f e di g hanno lo stesso valore.

III) Il senso del teorema è questo:

— Data una funzione *limitata*
$$f : y = f(x) \quad , \quad x \in [a, b]$$
le sue *restrizioni* aventi per dominio insiemi *J-misura nulla* non influenzano né l'*integrabilità* di f né il *valore* del suo *integrale* se f è *integrabile*.

Quest'ultima considerazione ci suggerisce la possibilità di "ampliare" la *famiglia* $\mathfrak{F}_R$ di *funzioni* inizialmente fissata da Riemann nella costruzione della sua *teoria dell'integrazione*.

Vediamo come!

2.7 Ampliamento della famiglia $\mathfrak{F}_R$ di funzioni inizialmente fissata da Riemann

Sia f una funzione *limitata* avente per dominio un *insieme limitato* A:
$$f : y = f(x) \quad , x \in A(\text{insieme limitato}) \subset \mathbb{R}$$
e S l'*insieme dei punti* di ∂A (frontiera di A) che non appartengono ad A; in simboli:
$$S \subseteq \partial A \quad \text{e} \quad S \cap A = \emptyset$$
Se l'insieme S gode delle seguenti proprietà:

1. è un insieme *J-misura nulla*

2. $A \cup S = [a, b]$

§ 2.7 Ampliamento della famiglia $\mathfrak{F}_R$ di funzioni di Riemann

alla funzione f possiamo associare la funzione f^* cosí fatta:

$$f^* : \ f^*(x) = \begin{cases} f(x) & , x \in A \\ 0 & , x \in S \end{cases} \qquad (2.20)$$

la quale appartiene alla *famiglia* $\mathfrak{F}_R$ perché è *limitata* ed ha per dominio un *intervallo chiuso e limitato* $[a, b]$.

Se quest'ultima è *integrabile*, poniamo per definizione:

$$\int_A f(x) \, dx = \int_{[a,b]} f^*(x) \, dx \qquad (2.21)$$

La definizione data è accettabile perché, per il *teorema 2.14*, il valore dell'integrale (2.21) non è influenzato dalla *restrizione* di f^* avente per *dominio* S, essendo quest'ultimo un insieme *J-misura nulla*.

La famiglia di funzioni f alle quali può essere associata una funzione f^* nel modo che abbiamo detto, contiene la famiglia $\mathfrak{F}_R$ di funzioni inizialmente fissata da Riemann[9] e pertanto costituisce un *"ampliamento"* di essa.

Concludendo possiamo dire:

– con l'ampliamento effettuato, la *famiglia* di funzioni per le quali ha senso chiedersi se sono oppure no *integrabili*, è costituita da tutte le funzioni

$$f : \ y = f(x) \quad , \quad x \in A$$

che verificano le seguenti condizioni:

a) sono limitate

b) l'insieme $S = \partial A - A$ è un insieme *J-misura nulla*

c) $A \cup S = [a, b]$

---

[9]Le funzioni della famiglia inizialmente fissata da Riemann hanno infatti il dominio $A = [a, b]$ e quindi $S = \emptyset$; essendo poi $\emptyset$ un insieme *J-misura nulla*, abbiamo provato che essa è contenuta nella famiglia che abbiamo ora considerato e pertanto quest'ultima ne costituisce un "ampliamento".

In virtù del *teorema 2.6* (criterio di integrabilità di Lebesgue-Vitali) di esse sono poi *integrabili* quelle il cui insieme E^{f^*} dei *punti di discontinuità* per la funzione f^* associata a f come in (2.20), è un insieme *L-misura nulla*.

Nel seguito, per non introdurre troppi simboli, denoteremo con $\mathfrak{F}_R$ anche la famiglia ampliata.

Ora che abbiamo imparato a riconoscere quali sono le funzioni integrabili, si pone il problema di calcolare i loro integrali.

Il "procedimento di associazione" mediante il quale abbiamo definito l'integrale (di una funzione integrabile) non è infatti di alcuna utilità pratica per via delle difficoltà che si incontrano nel calcolo degli *estremi* delle *restrizioni* della *funzione* aventi per domini gli *intervalli* delle *decomposizioni* del dominio.

Prima di affrontare tale problema, vogliamo vedere quando è possibile dare un'interpretazione geometrica dell'integrale.

2.8 Interpretazione geometrica dell'integrale

Tenendo presente ciò che abbiamo detto all'inizio del Capitolo, che cioè tutte le *teorie dell'integrazione* discendono dal *metodo di esaustione* di cui si servirono i Greci per definire e calcolare le aree di alcune figure geometriche, vediamo di quali figure geometriche gli integrali permettono di calcolare le aree.

Partiamo da una definizione!

Definizione di plurirettangolo
Si chiama *plurirettangolo* l'unione di un numero finito di rettangoli non sovrapposti con un lato contenuto nell'asse x, un altro lato parallelo all'asse x e gli altri due lati paralleli all'asse y:

§ 2.8 Interpretazione geometrica dell'integrale

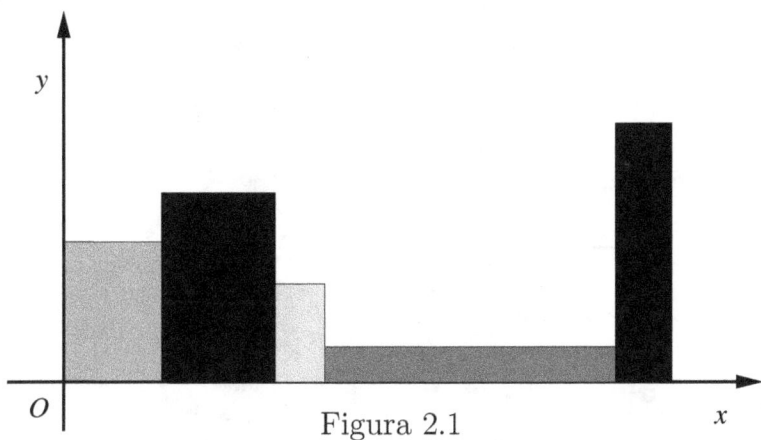

Figura 2.1

Ciò premesso, data una *funzione integrabile*

$$f : y = f(x), \quad x \in [a,b] \ ,$$

solo nel caso che il suo *diagramma cartesiano* non attraversa l'asse delle x è possibile dare un'interpretazione geometrica dell'*integrale della funzione*.

Per fissare le idee supponiamo che f sia *continua* e di *dominio* $A = [a,b]$.

Se

$$\forall x \in [a,b] \quad \text{risulta} \quad f(x) \geq 0 \ ,$$

consideriamo l'insieme:

$$U^f = \{(x,y) \in \mathbb{R}^2 : a \leq x \leq b \, ; 0 \leq y \leq f(x)\} \ .$$

Tale insieme, che prende il nome di *rettangoloide relativo alla funzione* f, è rappresentato nel piano cartesiano dalla regione delimitata dall'asse x, dalle rette di equazione $x = a$, $x = b$ e dal diagramma cartesiano di f:

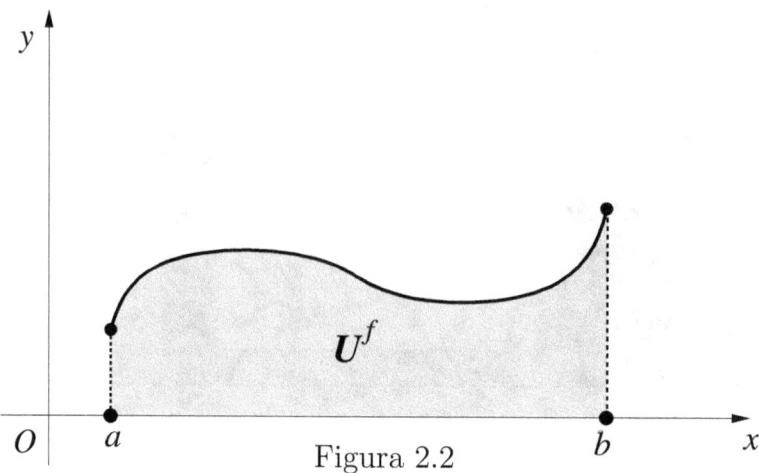

Figura 2.2

Qualunque sia la *decomposizione* D di $[a,b]$ che si effettua, risulta:

$$s(f,D) \leq \int_{[a,b]} f(x)\, dx \leq S(f,D) \quad ;$$

poiché $s(f,D)$ e $S(f,D)$ rappresentano le *aree* di due *plurirettangoli*, l'uno contenuto in U^f e l'altro contenente U^f:

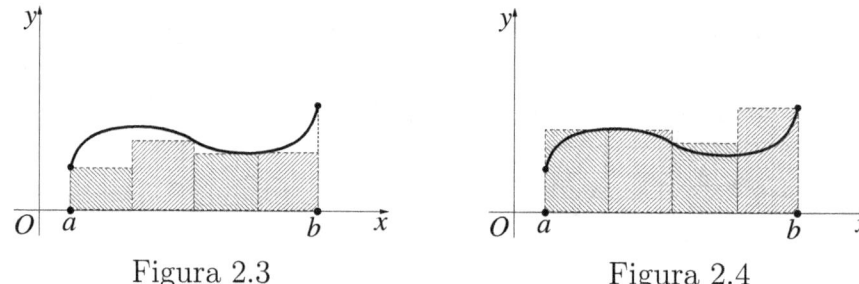

Figura 2.3   Figura 2.4

è naturale assumere l'*integrale*

$$\int_{[a,b]} f(x)\, dx$$

come l'*area* di U^f.

Un discorso analogo si può ripetere se:

$$\forall x \in [a,b] \quad \text{risulta} \quad f(x) \leq 0 \quad .$$

§ 2.9 Integrali definiti

Anche in questo caso l'insieme:

$$U^f = \{(x,y) \in \mathbb{R}^2 : a \leq x \leq b \,;\, f(x) \leq y \leq 0\} \quad.$$

prende il nome di *rettagoloide relativo alla funzione f*, è rappresentato nel piano cartesiano dalla regione delimitata dall'asse x, dalle rette di equazione $x = a$, $x = b$ e dal diagramma cartesiano di f, però, a differenza del caso anteriore, la regione che lo rappresenta si trova situata nel semipiano delle y negative:

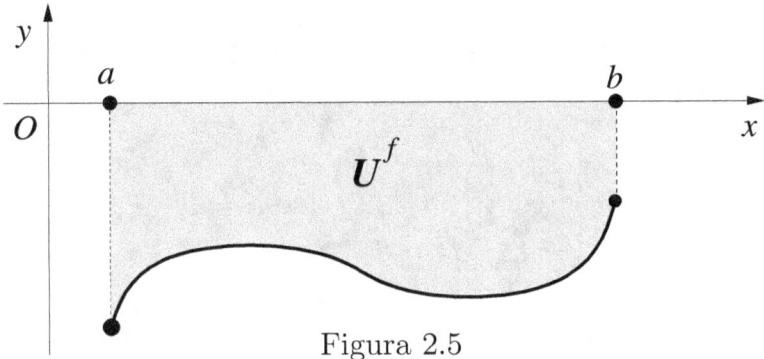

Figura 2.5

Da quanto detto segue che:

- Se una *funzione* integrabile f di *dominio* $[a, b]$ ha il *diagramma cartesiano* che non "attraversa" l'asse delle x, neanche il *diagramma cartesiano* della funzione $-f$ lo attraversa ed i rettangoloidi relativi alle due funzioni U^f ed U^{-f} hanno la stessa *area* ed è:

$$\text{area } U^f = \text{area } U^{-f} = \left| \int_{[a,b]} f(x)\, dx \right|$$

Passiamo ora ad esporre alcuni *concetti* che sono alla base del "procedimento di calcolo" degli integrali.

2.9 Integrali definiti

Un concetto basato su quello di *integrale di Riemann* è il concetto di *integrale definito* di una funzione.

Diamolo!

Definizione di integrale definito
**Data una funzione *integrabile* $f: y = f(x) \quad, x \in [a,b]$
e fissati ad arbitrio due numeri α e $\beta \in [a,b]$, si chiama
integrale definito da α *a* β **e si denota con il simbolo**

$$\int_\alpha^\beta f(x)\,dx \qquad (2.22)$$

(si legge "integrale da α a β di effe di x in di x") quel
numero cosí definito:**

$$\int_\alpha^\beta f(x)\,dx = \begin{cases} \int_{[\alpha,\beta]} f(x)\,dx & ,\text{se } \alpha < \beta \\ 0 & ,\text{se } \alpha = \beta \\ -\int_{[\beta,\alpha]} f(x)\,dx & ,\text{se } \alpha > \beta \end{cases} \qquad (2.23)$$

I numeri α e β si chiamano rispettivamente *limite inferiore* e *limite superiore di integrazione*.

Per ragioni di spazio non esponiamo qui le ragioni che ne hanno suggerito la definizione. Vogliamo invece insistere sul fatto che l'*integrale definito* è una generalizzazione dell'*integrale di Riemann* e si identifica con quest'ultimo solo se il *limite inferiore di integrazione* è minore del *limite superiore*.

Tenuto conto di questo fatto, nel seguito sia per denotare l'*integrale di Riemann* che quello *definito* adopereremo la notazione (2.22).

Per quanto riguarda le *proprietà* dell'*integrale definito* diciamo subito che esso non gode di tutte le proprietà dell'*integrale di Riemann*; in generale si perdono o vanno modificate le *proprietà* espresse da disuguaglianze.

Restano invariate le *proprietà* espresse dai *teoremi* 2.7, 2.8, 2.12 e 2.13.

Ad ogni modo, per evitare incertezze circa il loro uso li rienunciamo.

Teorema 2.7' *Data una funzione* integrabile

$$f: y = f(x) \quad, \quad x \in [a,b]$$

§ 2.9 Integrali definiti

comunque si fissi un numero $k \in \mathbb{R}$, per ogni coppia ordinata di punti $\alpha, \beta \in [a, b]$ risulta:

$$\int_\alpha^\beta (k \cdot f)(x)\, dx = \int_\alpha^\beta k \cdot f(x)\, dx = k \cdot \int_\alpha^\beta f(x)\, dx \qquad (2.9')$$

Teorema 2.8' *Date due funzioni integrabili*

$$f: y = f(x) \quad , \quad x \in [a, b]$$
$$g: y = g(x) \quad , \quad x \in [a, b]$$

per ogni coppia ordinata di punti α e $\beta \in [a, b]$ risulta:

$$\int_\alpha^\beta (f+g)(x)\, dx = \int_\alpha^\beta [f(x) + g(x)]\, dx = \int_\alpha^\beta f(x)\, dx + \int_\alpha^\beta g(x)\, dx \qquad (2.10')$$

Dai *teoremi 2.7'* e *2.8'* segue che:

- Se $f_1, f_2, \ldots, f_n$ sono n funzioni *integrabili* aventi tutte lo stesso dominio $[a, b]$, comunque si fissino n numeri $c_1, c_2, \ldots, c_n$, per ogni coppia ordinata di punti α e $\beta \in [a, b]$ risulta:

$$\int_\alpha^\beta (c_1 \cdot f_1 + c_2 \cdot f_2 + \cdots + c_n \cdot f_n)(x)\, dx =$$
$$= \int_\alpha^\beta [c_1 \cdot f_1(x) + c_2 \cdot f_2(x) + \cdots + c_n \cdot f_n(x)]\, dx =$$
$$= c_1 \cdot \int_\alpha^\beta f_1(x)\, dx + c_2 \cdot \int_\alpha^\beta f_2(x)\, dx + \cdots + c_n \cdot \int_\alpha^\beta f_n(x)\, dx \qquad (2.11')$$

Teorema 2.12' *Data una funzione integrabile*

$$f: y = f(x) \quad , \quad x \in [a, b]$$

comunque si fissino tre punti α, β *e* $\gamma \in [a,b]$ *risulta*

$$\int_\alpha^\beta f(x)\,dx = \int_\alpha^\gamma f(x)\,dx + \int_\gamma^\beta f(x)\,dx$$

Teorema 2.13' *Data una funzione integrabile*

$$f: y = f(x) \quad, \quad x \in [a,b]$$

comunque si fissi una coppia ordinata di punti α *e* $\beta \in [a,b]$ *esiste un numero* ϑ *compreso tra l'*inf *ed il* sup *della restrizione di* f *avente per dominio l'intervallo di estremi* α *e* β *tale che:*

$$\int_\alpha^\beta f(x)\,dx = \vartheta \cdot (\beta - \alpha) \tag{2.16'}$$

In particolare:

- se f è *continua*, nell'intervallo di estremi α, β, esiste almeno un punto ξ di tale intervallo tale che $f(\xi) = \vartheta$.

  In tal caso la (2.16') diviene:

$$\int_\alpha^\beta f(x)\,dx = f(\xi) \cdot (\beta - \alpha)$$

Un concetto basato su quello di *integrale definito* è il concetto di *funzione integrale*.
Diamolo!

2.10 Funzioni integrali e primitive

Data una funzione *integrabile* $f: y = f(x) \quad, x \in [a,b]$ fissiamo un punto $x_0 \in [a,b]$.

Se x è un qualunque punto di $[a,b]$, ha senso considerare il seguente *integrale definito*:

$$\int_{x_0}^x f(t)\,dt.$$

§ 2.10 Funzioni integrali e primitive

Poiché il valore di tale *integrale* dipende ovviamente dal valore di $x \in [a,b]$, esso può essere assunto come *legge d'associazione* di una funzione F di dominio $[a,b]$ alla quale si dà il nome di *funzione integrale* della funzione f relativa al punto $x_0 \in [a,b]$.

Poniamo quindi la seguente definizione:

Definizione di funzione integrale
Si chiama *funzione integrale* della funzione f, relativa al punto x_0 fissato, la funzione

$$F_0: \quad y = F_0(x) = \int_{x_0}^{x} f(t)\, dt \qquad , x \in [a,b] \qquad (2.24)$$

Poiché il punto x_0 può essere scelto in infiniti modi in $[a,b]$, dalla definizione data segue che una funzione *integrabile* f ha infinite *funzioni integrali*.

Si pone allora naturale la questione di vedere se esiste qualche relazione tra esse.

Il seguente teorema ci dà la risposta!

Teorema 2.15 *Data una funzione integrabile $f: \quad y = f(x)$, $x \in [a,b]$, due qualsiasi funzioni integrali di essa differiscono per una costante additiva.*

Dimostrazione
Fissati ad arbitrio due punti distinti x_0 e $\overline{x}$ in $[a,b]$ siano

$$F_0: \quad y = F_0(x) = \int_{x_0}^{x} f(t)\, dt \quad , x \in [a,b]$$

e

$$F_{\overline{x}}: \quad y = F_{\overline{x}}(x) = \int_{\overline{x}}^{x} f(t)\, dt \quad , x \in [a,b]$$

le *funzioni integrali* di f ad essi relative. Per il *teorema 2.12'* si ha:

$$F_{\overline{x}}(x) = \int_{\overline{x}}^{x} f(t)\, dt = \int_{\overline{x}}^{x_0} f(t)\, dt + \int_{x_0}^{x} f(t)\, dt = \int_{\overline{x}}^{x_0} f(t)\, dt + F_0(x)$$

Poiché $\int_{\overline{x}}^{x_0} f(t)\, dt$ è un *numero* quindi una costante, il teorema è dimostrato.

c.v.d.

Il *teorema 2.15* ci consente di concludere che:

- se conosciamo il *diagramma cartesiano* di una data *funzione integrale*, per ottenere il *diagramma cartesiano* di una qualunque altra di esse, basta effettuare una traslazione di quest'ultimo in direzione dell'asse y.

Poiché se una funzione F è *continua* o *derivabile* è tale ogni funzione $F + c$, $\forall c \in \mathbb{R}$, se vogliamo studiare la *continuità* e la *derivabilità* delle *funzioni integrali* basta riferirsi a una di esse.

Consideriamo allora la *funzione integrale* relativa al punto $x_0 = a$:

$$F_a : y = F_a(x) = \int_a^x f(t)\, dt \qquad , x \in [a, b] \qquad (2.25)$$

e dimostriamo il seguente *teorema*:

Teorema 2.16 *Data una funzione* integrabile

$$f : y = f(x) \quad , \quad x \in [a, b]$$

la sua funzione integrale

$$F_a : y = F_a(x) = \int_a^x f(t)\, dt \qquad , x \in [a, b]$$

relativa al punto $x_0 = a$, *è:*

1. continua, *indipendentemente dal fatto che lo sia oppure no la funzione f.*

2. derivabile *nei punti $x \in [a, b]$ ove f è continua e risulta* $F_a'(x) = f(x)$.

Dimostrazione

§ 2.10 Funzioni integrali e primitive

1. Per provare che F_a è *continua* basta far vedere che lo è nel generico punto $x^* \in [a, b]$, cioè che:
$$\lim_{x \to x^*} F_a(x) = F_a(x^*)$$
o, il che è lo stesso, che:
$$\lim_{x \to x^*} |F_a(x) - F_a(x^*)| = 0.$$

Poiché:
$$\begin{aligned}|F_a(x) - F_a(x^*)| &= \left|\int_a^x f(t)\,dt - \int_a^{x^*} f(t)\,dt\right| = \\ &= \left|\int_a^{x^*} f(t)\,dt + \int_{x^*}^x f(t)\,dt - \int_a^{x^*} f(t)\,dt\right| = \\ &= \left|\int_{x^*}^x f(t)\,dt\right| = |\vartheta \cdot (x - x^*)| = |\vartheta| \cdot |x - x^*|\end{aligned} \tag{2.26}$$

ove ϑ è un numero compreso tra l'*inf* e il *sup* della *restrizione* di f avente per dominio l'*intervallo* di *estremi* x^* e x.

Poiché f, essendo *integrabile*, è *limitata*, esiste un numero $L > 0$ tale che
$$\forall x \in [a, b] \text{ risulta } |f(x)| \leq L$$
per cui si ha $|\vartheta| \leq L$. Da ciò e dalla (2.26) segue che:
$$|F_a(x) - F_a(x^*)| \leq L \cdot |x - x^*|$$
e quindi
$$\lim_{x \to x^*} |F_a(x) - F_a(x^*)| \leq \lim_{x \to x^*} (L \cdot |x - x^*|) = L \cdot 0 = 0 \quad ;$$
la continuità è così provata.

2. Sia $x^* \in [a, b]$ un *punto di continuità* per f. Per provare che F_a è derivabile nel punto x^* e risulta $F_a'(x^*) = f(x^*)$ occorre far vedere che
$$\lim_{x \to x^*} \frac{F_a(x) - F_a(x^*)}{x - x^*} = f(x^*)$$

o, il che lo stesso, che:

$$\lim_{x \to x^*} \left| \frac{F_a(x) - F_a(x^*)}{x - x^*} - f(x^*) \right| = 0. \qquad (2.27)$$

Ragionando come nella dimostrazione anteriore si ha:

$$\left| \frac{F_a(x) - F_a(x^*)}{x - x^*} - f(x^*) \right| = \left| \frac{\int_{x^*}^{x} f(t)\, dt}{x - x^*} - f(x^*) \right| =$$

$$= \left| \frac{\vartheta \cdot (x - x^*)}{x - x^*} - f(x^*) \right| = |\vartheta - f(x^*)| \qquad (2.28)$$

Poiché f è *continua nel punto* $x^* \in [a, b]$ si ha che per ogni $\varepsilon > 0$ esiste un $\delta_\varepsilon > 0$ tale che la *restrizione* di f avente per *dominio* $I(x^*, \delta_\varepsilon) \cap [a, b]$ ha il *codominio* contenuto nell'*intervallo* $(f(x^*) - \varepsilon, f(x^*) + \varepsilon)$ e quindi anche i suoi *estremi* e di conseguenza ϑ appartiene ad esso. Ciò si esprime scrivendo:

$$|\vartheta - f(x^*)| < \varepsilon \qquad (2.29)$$

Dalle (2.28) e (2.29) segue che:

$$\left| \frac{F_a(x) - F_a(x^*)}{x - x^*} - f(x^*) \right| < \varepsilon$$

e quindi la (2.27) è provata.

c.v.d.

La proprietà 2. della *funzione integrale* (2.25) di f relativa al punto $x_0 = a$ ci permette di concludere:

– se f è *continua*, ogni sua *funzione integrale* è una *primitiva* di essa; la generica *primitiva* F di f è

$$F : y = F(x) = \int_a^x f(t)\, dt + c \quad , x \in [a, b] \quad , \forall c \in \mathbb{R}.$$

§ *2.10 Funzioni integrali e primitive*

Ricordando che la generica *primitiva F* di una funzione *f* si denota anche con il simbolo $\int f(x)\, dx$, possiamo allora scrivere:

$$\int f(x)\, dx = \int_a^x f(t)\, dt + c \quad , x \in [a,b] \quad , \forall c \in \mathbb{R}.$$

La conclusione alla quale siamo giunti ci permette di dare una risposta al quesito di quali sono le funzioni dotate di *primitive*:

− sono sicuramente dotate di *primitive* le *funzioni continue*.

Il *teorema* che abbiamo dimostrato nulla dice circa la *derivabilità* o meno della *funzione integrale F* nei punti $x_0 \in [a,b]$ in cui la *funzione integranda f* è *discontinua*.

Si può constatare su degli esempi che se in un punto $x_0 \in [a,b]$ *f* è *discontinua*, la *F* può essere in tale punto *derivabile* oppure *no* e se è *derivabile* può risultare:

$$F'(x_0) = f(x_0) \quad \text{oppure} \quad F'(x_0) \neq f(x_0).$$

Se *F* è *derivabile* in tutti i punti x_0 di *discontinuità* di *f* e risulta $F'(x_0) = f(x_0)$ allora, in questo caso, *F* è *primitiva* di *f*.

Il fatto quindi che vi siano *funzioni integrabili* ma *non continue* dotate di *primitive*, ci induce a concludere che:

− la *continuità* di *f* è una *condizione sufficiente* ma *non necessaria* per l'esistenza delle sue primitive.

Quanto abbiamo detto circa l'esistenza delle *primitive* non deve far pensare che le funzioni dotate di *primitive* appartengano tutte alla *sottofamiglia delle funzioni integrabili* di $\mathfrak{F}_R$.

Le cose stanno cosí:

I) tutte le funzioni *integrabili* e *continue* di tale *sottofamiglia* sono dotate di *primitive* e lo abbiamo dimostrato

II) le funzioni *integrabili* ma *non continue* di tale *sottofamiglia* possono essere dotate di *primitive* oppure *no*

III) le funzioni appartenenti alla *famiglia* $\mathfrak{F}_R$ ma *non integrabili* possono essere dotate di *primitive* oppure *no*

IV) le funzioni non appartenenti alla famiglia $\mathfrak{F}_R$ possono essere dotate di *primitive* oppure *no*.

A sostegno di quanto detto, diamo degli esempi.

Esempio 2.5 *La funzione*

$$f: y = f(x) = \begin{cases} 2x \cdot \sin\frac{1}{x} - \cos\frac{1}{x} &, \quad x \in [-1, 0) \cup (0, 1] \\ 0 &, \quad x = 0 \end{cases}$$

è integrabile ma non è continua in quanto non lo è nel punto $x_0 = 0$ *eppure la funzione*

$$F: y = F(x) = \begin{cases} x^2 \cdot \sin\frac{1}{x} &, \quad x \in [-1, 0) \cup (0, 1] \\ 0 &, \quad x = 0 \end{cases}$$

è una primitiva di essa.

Esempio 2.6 *La funzione*

$$f: y = f(x) = \begin{cases} 0 &, \quad x \in [a, b) \\ 1 &, \quad x = b \end{cases}$$

è integrabile ma non è continua in quanto non lo è nel punto $x_0 = b$. *Tale funzione non è dotata di funzioni primitive per il* teorema di Darboux *il quale dice:*

– *Data una funzione* $f: y = f(x)$, $x \in [a, b]$, *derivabile, sia* f' *la sua funzione derivata.*

Comunque si consideri un intervallo $[\alpha, \beta] \subseteq [a, b]$, *se* $f'(\alpha) \neq f'(\beta)$, *al variare di* x *in* $[\alpha, \beta]$, $f'(x)$ *assume tutti i valori compresi fra* $f'(\alpha)$ *e* $f'(\beta)$.

§ 2.10 Funzioni integrali e primitive

Esempio 2.7 *La funzione*

$$f: y = f(x) = \begin{cases} 2x \cdot \sin \frac{1}{x^2} - \frac{2}{x} \cdot \cos \frac{1}{x^2} &, \quad x \in [-\pi, 0) \cup (0, \pi] \\ 0 &, \quad x = 0 \end{cases}$$

non appartiene alla famiglia $\mathfrak{F}_R$ *in quanto non è limitata eppure la funzione*

$$F: y = F(x) = \begin{cases} x^2 \cdot \sin \frac{1}{x^2} &, \quad x \in [-\pi, 0) \cup (0, \pi] \\ 0 &, \quad x = 0 \end{cases}$$

è una primitiva di essa.

A sostegno di quanto abbiamo affermato in III), si possono dare esempi di funzioni appartenenti alla famiglia $\mathfrak{F}_R$, non integrabili eppure dotate di primitive ma ci dispensiamo dal farlo essendo essi molto complicati.

Siamo ora in grado di rispondere anche a quest'altro quesito, cioè a che serve conoscere le *primitive* di una funzione (se le ha).

La risposta ce la fornisce il seguente *teorema* noto come *teorema fondamentale del calcolo integrale*:

Teorema 2.17 *Data una funzione*

$$f: y = f(x) \quad , \quad x \in [a, b] \quad ,$$

se:

I) f è integrabile e dotata di primitive

II) F è una primitiva di essa

allora

comunque si fissino due numeri $\alpha, \beta \in [a, b]$, *risulta:*

$$\int_\alpha^\beta f(x)\, dx = F(\beta) - F(\alpha) \tag{2.30}$$

Dimostrazione
Poiché $F(x) = \int_a^x f(t)\, dt + c$, $x \in [a,b]$ è una *primitiva* di f, si ha che:

$$F(\beta) - F(\alpha) = \left(\int_a^\beta f(t)\, dt + c\right) - \left(\int_a^\alpha f(t)\, dt + c\right) =$$
$$= \int_a^\beta f(t)\, dt + c - \int_a^\alpha f(t)\, dt - c =$$
$$= \int_\alpha^\beta f(t)\, dt$$

c.v.d.

Il teorema dimostrato ci indica la via da seguire per il calcolo degli integrali definiti (e quindi di Riemann) di una funzione f dotata di *primitive*:

1. si cerca una primitiva F di f

2. si calcolano $F(\beta)$ e $F(\alpha)$

3. si calcola $F(\beta) - F(\alpha)$; tale numero è appunto il valore dell'integrale $\int_\alpha^\beta f(x)\, dx$.

Il numero $F(\beta) - F(\alpha)$ a volte si denota con il simbolo $[F(x)]_\alpha^\beta$ ed anche noi faremo spesso ricorso a tale notazione.

Se la *funzione integrale F non è derivabile* in tutti i punti x_0 di *discontinuità* di f o, pur essendo *derivabile*, risulta $F'(x_0) \neq f(x_0)$ allora F *non è primitiva* di f secondo la definizione da noi data; tuttavia si può dimostrare che sotto certe ipotesi la (2.30) resta ancora valida. In tal caso si dice che F è una *funzione primitiva in senso generalizzato*. Dato il carattere elementare del libro, non possiamo trattare qui tale questione.

Vista la grande importanza delle *primitive* per il calcolo degli *integrali definiti*, si pone ora il problema della loro ricerca.

L'operazione che si esegue per trovarle, si chiama *operazione di integrazione indefinita* e le tecniche usate per eseguire quest'ultima: *tecniche di integrazione*: è di esse che vogliamo occuparci nel prossimo Capitolo.

Capitolo 3

Tecniche per la ricerca delle primitive delle funzioni continue

In questo Capitolo vogliamo esporre le tecniche per la ricerca delle *primitive* (espresse in termini di funzioni elementari) delle *funzioni continue*.

3.1 Riassunto di quanto sappiamo già sulle primitive

Nel *paragrafo* 1.22 abbiamo dato la definizione di *primitiva* di una funzione f avente per *dominio* un intervallo I; abbiamo visto che se F_0 è una *primitiva* di f allora è tale ogni altra funzione F del tipo:

$$F = F_0 + c \quad , \quad \forall c \in \mathbb{R}$$

ed abbiamo chiamato *integrale indefinito della* f, l'insieme da esse costituito.

Abbiamo denotato con il simbolo

$$\int f(x)\, dx$$

Capitolo 3. Tecniche per la ricerca di primitive

la sua generica *primitiva F*, cioè $F_0 + c$ ed abbiamo infine chiamato *operazione d'integrazione indefinita* oppure *calcolo dell'integrale indefinito*, l'operazione che si esegue su di una data funzione f, dotata di *primitive*, per ottenere il suo *integrale indefinito*.

Nel *paragrafo* 2.10 abbiamo dimostrato che ogni funzione continua:

$$f: y = f(x) \quad , x \in [a, b] \tag{3.1}$$

è dotata di (infinite) primitive e che queste ultime si possono ottenere tutte *sommando* una *costante arbitraria c* ad una sua *funzione integrale*.

Se come *funzione integrale* scegliamo quella relativa al punto $x_0 = a$, si ha quindi:

$$F: y = F(x) = \int_a^x f(t)\, dt + c \quad , x \in [a, b]. \tag{2.25}$$

Nella (2.25) la *legge d'associazione* della generica primitiva è rappresentata da un *integrale definito* più una *costante c* per cui per conoscere una *primitiva* di f occorre conoscere il valore dell'*integrale definito* esteso ad un qualsiasi *intervallo* $[a, x]$ contenuto in $[a, b]$ o coincidente con esso.

La legge d'associazione della generica primitiva, espressa come nella (2.25), non è di alcuna utilità pratica se vogliamo calcolare l'*integrale definito*

$$\int_a^b f(x)\, dx$$

servendoci del *teorema fondamentale del calcolo integrale* (*teorema* 2.17).

Si ha infatti:

$$F(a) = \int_a^a f(t)\, dt + c = 0 + c = c$$

$$F(b) = \int_a^b f(t)\, dt + c$$

da cui:

$$\int_a^b f(x)\, dx = F(b) - F(a) = \left(\int_a^b f(t)\, dt + c\right) - c = \int_a^b f(t)\, dt$$

e quindi?

Siamo al punto di partenza! Abbiamo solo cambiato nome alla *variabile d'integrazione* che prima abbiamo chiamato x ed ora t !

Si pone allora il problema di rappresentare la *legge d'associazione* delle *primitive* della (3.1) per mezzo di una "formula" in cui non compaia l'*integrale definito*:

$$\int_a^x f(t)\,dt \qquad \text{con } x \in [a,b] \quad .$$

In questo capitolo vogliamo illustrare alcune *tecniche*, utili allo scopo, comunemente conosciute come *metodi d'integrazione indefinita*.

Cominciamo innanzitutto con il precisare la *famiglia di funzioni continue*, aventi per *dominio* un intervallo, per le quali vogliamo risolvere il problema posto.

3.2 La famiglia $\mathfrak{F}_E$

Nei libri della presente *collana* abbiamo incontrato varie funzioni reali di una variabile reale ed abbiamo chiamato alcune di esse: *funzioni elementari* [1].

Tali funzioni sono *continue* ed il loro *dominio* è o tutto $\mathbb{R}$ oppure un *intervallo I*.

A partire poi dalle *funzioni elementari* o *restrizioni* di esse, mediante le *operazioni di addizione, sottrazione, moltiplicazione, divisione, estrazione di radice* e *composizione*, abbiamo costruito altre funzioni che a loro volta possono essere sottoposte alle *operazioni* anzidette per costruire altre funzioni ancora.

Denotiamo con $\mathfrak{F}_E$ la *famiglia* costituita:

– dalle *funzioni elementari*

– dalle *funzioni costruite* a partire da quelle *elementari* per mezzo delle *operazioni* sopra elencate.

---

[1] Vedere il libro "Limiti e continuità", *paragrafo 2.9*.

Le funzioni della *famiglia* $\mathfrak{F}_E$, indipendentemente dal fatto che siano funzioni elementari o costruite a partire da esse, si chiamano *funzioni esprimibili in termini di funzioni elementari*.

Esse hanno le seguenti caratteristiche:

1. il loro *dominio A* è:

    o tutto $\mathbb{R}$

    o un *intervallo I*

    o un'*unione di intervalli* tra loro *disgiunti*

2. sono *continue* e pertanto le *restrizioni* di esse aventi per dominio un *intervallo I* contenuto o coincidente con A sono dotate di *primitive*.

3. quelle di esse che sono *derivabili* hanno la *funzione derivata* appartenente alla *famiglia* $\mathfrak{F}_E$ quindi l'*operazione di derivazione* trasforma funzioni *derivabili* di $\mathfrak{F}_E$ in funzioni di $\mathfrak{F}_E$.

Ci chiediamo ora:

- Per le *primitive* di una qualunque funzione f di $\mathfrak{F}_E$ avente per dominio un *intervallo I*, accade qualcosa di analogo a ciò che accade per la sua *funzione derivata* f', nel caso che quest'ultima esista?

In altre parole: le *primitive* di una qualunque funzione f di $\mathfrak{F}_E$ avente per dominio un intervallo I, appartengono anche esse a $\mathfrak{F}_E$?

Poiché si dimostra che le funzioni, le cui *leggi d'associazione* sono rappresentate dalle "formule":

$$\begin{aligned} y &= e^{-x^2} \\ y &= \frac{e^x}{x} \\ y &= \frac{\sin x}{x} \\ y &= \sin(x^2) \end{aligned}$$

ed i cui domini sono *intervalli* $I \subset \mathbb{R}$, pur appartenendo a $\mathfrak{F}_E$ non hanno le *primitive* in $\mathfrak{F}_E$, concludiamo che la risposta è in generale negativa.

§ 3.3 Tabelle di integrali fondamentali e generali   101

Diciamo anche che non esiste un *criterio* che permetta di decidere quali *funzioni* di $\mathfrak{F}_E$ hanno le *primitive* in $\mathfrak{F}_E$.

La mancanza di un *criterio* ci rende incerti in tale ricerca perché ci poniamo a ricercare nella *famiglia* $\mathfrak{F}_E$ le *primitive* di una funzione f (della famiglia) senza sapere a-priori se esistono oppure no in essa.

Se tali *primitive* esistono in $\mathfrak{F}_E$, si dice che la *funzione* f (di $\mathfrak{F}_E$) è *elementarmente integrabile*.

La relazione che c'è tra l'*operazione di derivazione* e quella di *integrazione indefinita* consente tuttavia di trovare subito due *sottofamiglie* di $\mathfrak{F}_E$ costituite da *funzioni elementarmente integrabili*.

Vediamo quali!

3.3 Funzioni elementarmente integrabili, tabella degli integrali fondamentali e tabella generalizzata

Data una *funzione derivabile* f avente per dominio un *intervallo* I, sappiamo che essa è *primitiva* della sua *funzione derivata* f'.

Poiché tutte le *primitive* di f' si possono ottenere da f sommandole una *costante arbitraria* c, possiamo denotare la generica di esse

$$\int f'(x)\,dx$$

scrivendo

$$\int f'(x)\,dx = f(x) + c. \qquad (3.2)$$

La (3.2) consente di concludere che sicuramente sono *elementarmente integrabili* le *funzioni derivate* delle funzioni (derivabili) di $\mathfrak{F}_E$ aventi per *dominio* un *intervallo* I.

Tenendo conto della (3.2) possiamo costruire a partire dalla *tabella delle derivate fondamentali* quest'altra *tabella* che prende il nome di *tabella degli integrali fondamentali*.

Tabella degli integrali fondamentali

$$\int x^\alpha \, dx = \frac{x^{\alpha+1}}{\alpha+1} + c \quad \text{con} \quad \alpha \neq -1$$

$$\int \frac{1}{x} \, dx = \ln|x| + c$$

$$\int e^x \, dx = e^x + c$$

$$\int \sin x \, dx = -\cos x + c$$

$$\int \cos x \, dx = \sin x + c$$

$$\int \frac{1}{\cos^2 x} \, dx = \tan x + c$$

$$\int \frac{1}{\sin^2 x} \, dx = -\cotan x + c$$

$$\int \frac{1}{\sqrt{1-x^2}} \, dx = \arcsin x + c$$

$$\int \frac{1}{1+x^2} \, dx = \arctan x + c$$

$$\int \sinh x \, dx = \cosh x + c$$

$$\int \cosh x \, dx = \sinh x + c$$

$$\int \frac{1}{\cosh^2 x} \, dx = \tanh x + c$$

$$\int \frac{1}{\sinh^2 x} \, dx = \cotanh x + c$$

Vediamo come si legge tale *tabella*!

In ciascuna delle *uguaglianze* che la costituiscono compaiono due "formule":

§ 3.3 Tabelle di integrali fondamentali e generali

– l'una *a sinistra* del segno = tra i simboli $\int$ e dx, l'altra *a destra*.

La "formula" *di sinistra* rappresenta la *legge d'associazione* della *funzione integranda* mentre quella *di destra*, la *legge d'associazione* della *generica primitiva* di essa.

Poiché abbiamo definito le *primitive* solo per funzioni aventi per dominio un *intervallo I*, se la "formula" di *sinistra* definisce una funzione avente per dominio un *insieme A* che *non è un intervallo*, è chiaro che tale funzione non può essere riguardata come *funzione integranda*. Sarà invece *funzione integranda* ogni *restrizione* di essa avente per dominio un *intervallo I* contenuto in *A*.

Chiariamo quanto abbiamo detto con due *esempi*.

Esempio 3.1 *Nell*'uguaglianza

$$\int \frac{1}{\sqrt{1-x^2}} dx = \arcsin x + c$$

la "formula" $\frac{1}{\sqrt{1-x^2}}$ *rappresenta la* legge d'associazione f *di una* funzione avente per *dominio* $A = (-1, 1)$*:*

$$f : y = f(x) = \frac{1}{\sqrt{1-x^2}} \quad , x \in A = (-1, 1). \tag{3.3}$$

Poiché il dominio A *è un* intervallo, *tale* funzione *può essere riguardata come una* funzione integranda *la cui generica* funzione primitiva *è:*

$$F : y = F(x) = \arcsin x + c \quad , x \in A = (-1, 1). \tag{3.4}$$

Ogni restrizione della (3.3) avente per dominio un intervallo $I \subseteq A$ *è anche essa una* funzione integranda *e la restrizione della (3.4) avente per dominio lo stesso* intervallo I *ne è la generica* primitiva*.*

Esempio 3.2 *Nell*'uguaglianza

$$\int \frac{1}{x} dx = \log|x| + c$$

la "formula" $\frac{1}{x}$ rappresenta la legge d'associazione f di una funzione avente per dominio $A = (-\infty, 0) \cup (0, +\infty)$:

$$f : y = f(x) = \frac{1}{x} \quad , x \in A = (-\infty, 0) \cup (0, +\infty) \qquad (3.5)$$

Poiché il dominio A non è un intervallo, tale funzione non può essere riguardata come una funzione integranda.

È invece da riguardare come funzione integranda ogni restrizione della (3.5) avente per dominio un intervallo I contenuto in A:

$$f : y = f(x) = \frac{1}{x} \quad , x \in I \subseteq A \qquad (3.6)$$

e

$$F : y = F(x) = \log|x| + c \quad , x \in I \subseteq A$$

ne è la generica primitiva.

In particolare se fissiamo $I = (0, 1000)$, la funzione integranda (3.6) diviene:

$$f : y = f(x) = \frac{1}{x} \quad , x \in I = (0, 1000)$$

e

$$F : y = F(x) = \log|x| + c \quad , x \in I = (0, 1000)$$

è la generica primitiva di essa.

Se fissiamo invece $I = (-300, -50)$, la funzione integranda (3.6) diviene:

$$f : y = f(x) = \frac{1}{x} \quad , x \in I = (-300, -50)$$

e

$$F : y = F(x) = \log|x| + c \quad , x \in I = (-300, -50)$$

ne è la generica primitiva.

Le considerazioni svolte e gli esempi esaminati ci permettono di concludere:

§ 3.3 Tabelle di integrali fondamentali e generali

1. la "formula", che compare nel *primo membro* di ogni uguaglianza della *tabella*, rappresenta la *legge d'associazione* di infinite *funzioni integrande*: una per ogni scelta dell'*intervallo I* contenuto nel *dominio naturale* della funzione definita dalla suddetta "formula"[2].

   Quella, che compare invece nel *secondo membro*, rappresenta la *legge d'associazione* della *generica primitiva* corrispondente alla *funzione integranda* considerata.

2. l'insieme delle infinite *funzioni integrande*, di cui abbiamo ora parlato, costituisce la *prima sottofamiglia* di *funzioni elementarmente integrabili* di $\mathfrak{F}_E$.

Una *seconda sottofamiglia* di *funzioni elementarmente integrabili* di $\mathfrak{F}_E$ si può individuare tenendo presente la (3.2) e la *regola di derivazione delle funzioni composte*:

$$(g \circ f)'(x) = (g[f(x)])' = g'[f(x)] \cdot f'(x)$$

Se infatti la funzione f, *prima funzione componente* della *funzione composta* $g \circ f$, ha la *derivata f' continua*, dalla *tabella degli integrali fondamentali* possiamo dedurre quest'altra tabella di *primitive*, detta *tabella generalizzata*.

---

[2] Data una "formula" quando si costruisce la funzione la cui *legge d'associazione* f è da essa rappresentata, si chiama *dominio naturale della funzione* il "più ampio" degli insiemi ai cui elementi, mediante la "formula" data, è possibile attribuire l'*immagine*.

Tabella generalizzata

$$\int [f(x)]^\alpha \cdot f'(x)\, dx = \frac{[f(x)]^{\alpha+1}}{\alpha+1} + c \quad \text{con } \alpha \neq -1$$

$$\int \frac{1}{f(x)} \cdot f'(x)\, dx = \ln|f(x)| + c$$

$$\int e^{f(x)} \cdot f'(x)\, dx = e^{f(x)} + c$$

$$\int \sin f(x) \cdot f'(x)\, dx = -\cos f(x) + c$$

$$\int \cos f(x) \cdot f'(x)\, dx = \sin f(x) + c$$

$$\int \frac{1}{\cos^2 f(x)} \cdot f'(x)\, dx = \tan f(x) + c$$

$$\int \frac{1}{\sin^2 f(x)} \cdot f'(x)\, dx = -\cotan f(x) + c$$

$$\int \frac{1}{\sqrt{1-[f(x)]^2}} \cdot f'(x)\, dx = \arcsin f(x) + c$$

$$\int \frac{1}{1+[f(x)]^2} \cdot f'(x)\, dx = \arctan f(x) + c$$

$$\int \sinh f(x) \cdot f'(x)\, dx = \cosh f(x) + c$$

$$\int \cosh f(x) \cdot f'(x)\, dx = \sinh f(x) + c$$

$$\int \frac{1}{\cosh^2 f(x)} \cdot f'(x)\, dx = \tanh f(x) + c$$

$$\int \frac{1}{\sinh^2 f(x)} \cdot f'(x)\, dx = \cotanh f(x) + c$$

Circa la lettura della *tabella generalizzata* vale quanto abbiamo detto a proposito della *tabella degli integrali fondamentali* per cui tutte le

§ 3.3 Tabelle di integrali fondamentali e generali

considerazioni del caso le lasciamo allo Studente.

Ciò che invece vogliamo osservare è che se riguardiamo il "prodotto formale" $f'(x) \cdot dx$ come il *differenziale* della funzione f relativo al generico punto $x \in I$ e scriviamo:

$$df(x) = f'(x) \cdot dx \quad ,$$

la *tabella generalizzata* può essere riscritta così:

Tabella generalizzata

$$\int [f(x)]^\alpha \, df(x) = \frac{[f(x)]^{\alpha+1}}{\alpha+1} + c \quad \text{con} \quad \alpha \neq -1$$

$$\int \frac{1}{f(x)} df(x) = \ln|f(x)| + c$$

$$\int e^{f(x)} df(x) = e^{f(x)} + c$$

$$\int \sin f(x) df(x) = -\cos f(x) + c$$

$$\int \cos f(x) df(x) = \sin f(x) + c$$

$$\int \frac{1}{\cos^2 f(x)} df(x) = \tan f(x) + c$$

$$\int \frac{1}{\sin^2 f(x)} df(x) = -\cotan f(x) + c$$

$$\int \frac{1}{\sqrt{1-[f(x)]^2}} df(x) = \arcsin f(x) + c$$

$$\int \frac{1}{1+[f(x)]^2} df(x) = \arctan f(x) + c$$

$$\int \sinh f(x) df(x) = \cosh f(x) + c$$

$$\int \cosh f(x)\,df(x) = \sinh f(x) + c$$

$$\int \frac{1}{\cosh^2 f(x)}\,df(x) = \tanh f(x) + c$$

$$\int \frac{1}{\sinh^2 f(x)}\,df(x) = \cotanh f(x) + c$$

Confrontando la *tabella generalizzata* scritta in questo modo con la *tabella degli integrali fondamentali*, ci accorgiamo che il ruolo che in questa ultima gioca la variabile x, nella *tabella generalizzata* lo gioca $f(x)$.

Questa osservazione, oltre a giustificare il perché tale *tabella* sia stata chiamata *tabella generalizzata*, ci risulterà comoda nel suo impiego.

Ciò premesso, possiamo intanto trarre la seguente conclusione:

Sicuramente sono *elementarmente integrabili* le funzioni della famiglia $\mathfrak{F}_E$ che compaiono come *funzioni integrande* nella *tabella degli integrali fondamentali* oppure nella *tabella generalizzata*.

Per cercare nella famiglia $\mathfrak{F}_E$ altre funzioni *elementarmente integrabili*, illustriamo ora alcune tecniche note come:

– *metodo di integrazione per decomposizione in somma*

– *metodo di integrazione per parti*

– *metodo di integrazione per sostituzione*

Tali *metodi* sono basati sulle *proprietà* delle *primitive* e consistono nel ricondurre la ricerca in $\mathfrak{F}_E$ delle *primitive* di una assegnata funzione di $\mathfrak{F}_E$ alla ricerca (sempre in $\mathfrak{F}_E$) delle *primitive* di qualche altra funzione di $\mathfrak{F}_E$ sperando che quest'ultima appartenga ad una delle *tabelle* sopra riportate.

Vediamo quali sono tali *proprietà*!

3.4 Proprietà delle primitive

Elenchiamo ora le *proprietà* delle primitive, tralasciandone, per brevità, le facili dimostrazioni.

§ 3.4 Proprietà delle primitive

1. Se F è una *primitiva* di f, allora $k \cdot F$ è una *primitiva* di $k \cdot f$, $\forall k \in \mathbb{R}$; in simboli:

$$\int (k \cdot f)(x)\, dx = \int k \cdot f(x)\, dx = k \cdot \int f(x)\, dx$$

2. Siano f_1 e f_2 due funzioni aventi per dominio uno stesso *intervallo* I e dotate di *primitive*. Se F_1 e F_2 sono *primitive* di esse allora $F_1 + F_2$ e $F_1 - F_2$ sono rispettivamente *primitive* di $f_1 + f_2$ e $f_1 - f_2$; in simboli:

$$\int (f_1 + f_2)(x)\, dx = \int [f_1(x) + f_2(x)]\, dx = \int f_1(x)\, dx + \int f_2(x)\, dx$$
$$\int (f_1 - f_2)(x)\, dx = \int [f_1(x) - f_2(x)]\, dx = \int f_1(x)\, dx - \int f_2(x)\, dx$$

Dalle *proprietà* suddette segue che:

- se $f_1, f_2, \ldots, f_n$ sono n funzioni dotate di *primitive* ed aventi per dominio uno stesso *intervallo* I, comunque si fissino n numeri $c_1, c_2, \ldots, c_n$, la funzione $c_1 \cdot f_1 + c_2 \cdot f_2 + \ldots + c_n \cdot f_n$ è anche essa dotata di *primitive* e risulta:

$$\int (c_1 \cdot f_1 + c_2 \cdot f_2 + \ldots + c_n \cdot f_n)(x)\, dx =$$
$$= \int [c_1 \cdot f_1(x) + c_2 \cdot f_2(x) + \ldots + c_n \cdot f_n(x)]\, dx =$$
$$= c_1 \cdot \int f_1(x)\, dx + c_2 \cdot \int f_2(x)\, dx + \ldots + c_n \cdot \int f_n(x)\, dx \quad (3.7)$$

La funzione $c_1 \cdot f_1 + c_2 \cdot f_2 + \cdots + c_n \cdot f_n$ è detta *funzione combinazione lineare* delle funzioni $f_1, f_2, \ldots, f_n$.

La (3.7) ci dice che l'*operazione di integrazione indefinita* gode della *proprietà di linearità*.

3. Siano f_1 e f_2 due funzioni aventi per dominio uno stesso *intervallo I*. Se f_1 è *continua* e f_2 è *derivabile* con *derivata continua*, detta F_1 una *primitiva* di f_1, si ha:

$$\int f_1(x) \cdot f_2(x) \, dx = F_1(x) \cdot f_2(x) - \int F_1(x) \cdot f_2'(x) \, dx \quad (3.8)$$

4. Siano f una funzione *continua* avente per dominio un intervallo I:

$$f: y = f(x) \quad , \quad x \in I$$

e φ una funzione *derivabile* con *derivata continua* avente per dominio un intervallo J e per codominio I:

$$\varphi: x = \varphi(t) \quad , \quad t \in J.$$

Se F è *primitiva* di f e G è *primitiva* della funzione $(f \circ \varphi) \cdot \varphi'$, allora

$$F \circ \varphi = G \quad . \quad (3.9)$$

Se poi la funzione φ è anche *invertibile*, detta φ^{-1} la sua *funzione inversa* allora si ha anche che:

$$F = G \circ \varphi^{-1}. \quad (3.10)$$

Se denotiamo $F \circ \varphi$ con il simbolo

$$\left[\int f(x) \, dx \right]_{x=\varphi(t)}$$

e $\quad G \circ \varphi^{-1} \quad$ con il simbolo

$$\left[\int f[\varphi(t)] \cdot \varphi'(t) \, dt \right]_{t=\varphi^{-1}(x)} \quad ,$$

le (3.9) e (3.10) diventano rispettivamente:

$$\left[\int f(x) \, dx \right]_{x=\varphi(t)} = \int f[\varphi(t)] \cdot \varphi'(t) \, dt \quad (3.9')$$

§ 3.5 Uso della tabella generalizzata

e

$$\int f(x)\,dx = \left[\int f[\varphi(t)]\cdot \varphi'(t)\,dt\right]_{t=\varphi^{-1}(x)} \quad (3.10')$$

Prima di esporre i *metodi di integrazione* sopra detti, prendiamo un po' di familiarità con l'uso della *tabella generalizzata*.

3.5 Uso della tabella generalizzata

Osservando la *tabella generalizzata* ci rendiamo conto che affinché essa ci fornisca le *primitive* di una data funzione (continua) f, quest'ultima deve verificare le seguenti condizioni:

1. deve poter essere riguardata come *prodotto* di due funzioni f_1 e f_2:

$$f = f_1 \cdot f_2$$

2. una delle due *funzioni*, ad esempio f_1, deve a sua volta essere *funzione composta* da due funzioni φ_1 e φ_2:

$$f_1 = \varphi_2 \circ \varphi_1 \quad (3.11)$$

di cui:

- φ_2 deve comparire come *funzione integranda* nella *tabella degli integrali fondamentali*
- φ_1 deve essere *derivabile* e la sua *derivata* φ_1' deve essere uguale a f_2 oppure differire da f_2 per una *costante moltiplicativa* $k \neq 0$:

$$\varphi_1' = k \cdot f_2 \quad (3.12)$$

Se sono verificate tali condizioni, la *tabella generalizzata* risolve appunto il problema della ricerca delle *primitive* della funzione f.

La (3.12) ci consente infatti di scrivere sotto il segno d'integrale $\frac{1}{k} \cdot \varphi_1'(x)$ in luogo di $f_2(x)$ e quindi, tenuto conto della (3.11), si ha:

$$\begin{aligned}
\int f(x)\,dx &= \int (f_1 \cdot f_2)(x)\,dx = \int f_1(x) \cdot f_2(x)\,dx = \\
&= \int (\varphi_2 \circ \varphi_1)(x) \cdot \left(\frac{1}{k} \cdot \varphi_1'(x)\right)\,dx = \\
&= \int \varphi_2[\varphi_1(x)] \cdot \left(\frac{1}{k} \cdot \varphi_1'(x)\right)\,dx = \\
&= \text{per la proprietà 1. delle primitive} = \\
&= \frac{1}{k} \cdot \int \varphi_2[\varphi_1(x)] \cdot \varphi_1'(x)\,dx = \frac{1}{k} \cdot \int \varphi_2[\varphi_1(x)]\,d\varphi_1(x)
\end{aligned}$$

e pertanto, poiché la *funzione* φ_2 compare come *funzione integranda* nella *tabella degli integrali fondamentali*, siamo nella *tabella generalizzata seconda versione*.

Sperimentiamo quanto abbiamo detto su degli esempi!

Esempio 3.3 *Calcolare l'integrale indefinito*

$$\int \frac{\sqrt{\tan x + 5}}{\cos^2 x}\,dx$$

La funzione integranda *è:*

$$f : y = f(x) = \frac{\sqrt{\tan x + 5}}{\cos^2 x},$$
$$x \in I\,(\textit{intervallo}) \subset A = \{x \in \mathbb{R} : \tan x + 5 \geq 0;\, \cos x \neq 0\}$$

e può essere riguardata come prodotto *delle due funzioni:*

$$f_1 : y = f_1(x) = \sqrt{\tan x + 5} \quad,\quad x \in I$$

e

$$f_2 = y = f_2(x) = \frac{1}{\cos^2 x} \quad,\quad x \in I$$

di cui la f_1 è a sua volta funzione composta *dalle funzioni:*

$$\varphi_1 : u = \varphi_1(x) = \tan x + 5 \quad,\quad x \in I$$

§ 3.5 Uso della tabella generalizzata

e
$$\varphi_2 : y = \varphi_2(u) = u^{\frac{1}{2}} \quad , \quad x \in \varphi_1(I)$$

Poiché la funzione f è continua, essendo "costruita" a partire da funzioni continue, è dotata di (infinite) primitive.

Siccome la funzione φ_2 compare come funzione integranda nella tabella degli integrali fondamentali e la funzione φ_1 è derivabile e risulta

$$\varphi_1'(x) = (\tan x + 5)' = \frac{1}{\cos^2 x} = f_2(x) \quad ,$$

per la ricerca delle primitive possiamo utilizzare la tabella generalizzata e quindi si ha:

$$\begin{aligned}
\int \frac{\sqrt{\tan x + 5}}{\cos^2 x} \, dx &= \int (\tan x + 5)^{\frac{1}{2}} \cdot \frac{1}{\cos^2 x} \, dx = \\
&= \int (\tan x + 5)^{\frac{1}{2}} \cdot (\tan x + 5)' \, dx = \\
&= \int (\tan x + 5)^{\frac{1}{2}} \, d(\tan x + 5) = \frac{(\tan x + 5)^{\frac{1}{2}+1}}{\frac{1}{2}+1} + c = \\
&= \frac{2}{3} \cdot (\tan x + 5) \cdot \sqrt{\tan x + 5} + c \quad .
\end{aligned}$$

Esempio 3.4 *Calcolare l'integrale indefinito*

$$\int \frac{\sqrt{1 + \ln x}}{x} \, dx$$

Ragionando come nell'esempio precedente, si ha:

$$\begin{aligned}
\int \frac{\sqrt{1 + \ln x}}{x} \, dx &= \int (1 + \ln x)^{\frac{1}{2}} \cdot \frac{1}{x} \, dx = \int (1 + \ln x)^{\frac{1}{2}} \cdot (1 + \ln x)' \, dx = \\
&= \int (1 + \ln x)^{\frac{1}{2}} \, d(1 + \ln x) = \\
&= \frac{(1 + \ln x)^{\frac{1}{2}+1}}{\frac{1}{2}+1} + c = \frac{2}{3}(1 + \ln x) \cdot \sqrt{1 + \ln x} + c \quad .
\end{aligned}$$

Esempio 3.5 *Calcolare l'integrale indefinito*

$$\int x \cdot \sqrt[3]{1-x^2}\, dx \quad .$$

La funzione integranda *è:*

$$f : y = f(x) = x \cdot \sqrt[3]{1-x^2}\ ,\ x \in I\,(intervallo) \subset A = (-\infty, +\infty)$$

e può essere riguardata come prodotto *delle due funzioni:*

$$f_1 : y = f_1(x) = x \qquad , x \in I$$

e

$$f_2 : y = f_2(x) = \sqrt[3]{1-x^2}\ , x \in I$$

di cui f_2 *questa volta, è* funzione composta *dalle funzioni:*

$$\varphi_1 : u = \varphi_1(x) = 1 - x^2 \qquad , x \in I$$

e

$$\varphi_2 : y = \varphi_2(u) = u^{\frac{1}{3}}\ , u \in \varphi_1(I)$$

Poiché la funzione f *è* continua, *essendo "costruita" a partire da funzioni continue, è dotata di (infinite) primitive.*

Siccome la funzione φ_2 *compare come funzione integranda nella tabella degli integrali fondamentali* e *la funzione* φ_1 *è derivabile e risulta:*

$$\varphi_1'(x) = (1-x^2)' = -2x = -2 \cdot f_1(x) \qquad ,$$

esprimendo f_1 *per mezzo di* φ_1', *cioè scrivendo sotto il segno d'integrale:*

$$f_1(x) = -\frac{1}{2} \cdot (1-x^2)'$$

§ 3.5 Uso della tabella generalizzata

si ha:

$$
\begin{aligned}
\int x \cdot \sqrt[3]{1-x^2}\, dx &= \int \left[-\frac{1}{2}(1-x^2)'\right] \cdot (1-x^2)^{\frac{1}{3}}\, dx = \\
&= -\frac{1}{2} \cdot \int (1-x^2)^{\frac{1}{3}} \cdot (1-x^2)'\, dx = \\
&= -\frac{1}{2} \cdot \int (1-x^2)^{\frac{1}{3}}\, d(1-x^2) = \\
&= -\frac{1}{2} \cdot \frac{(1-x^2)^{\frac{1}{3}+1}}{\frac{1}{3}+1} + c = \\
&= -\frac{1}{2} \cdot \frac{3}{4}(1-x^2) \cdot \sqrt[3]{1-x^2} + c = \\
&= -\frac{3}{8} \cdot (1-x^2) \cdot \sqrt[3]{1-x^2} + c
\end{aligned}
$$

e quindi anche in questo esempio la tabella generalizzata ha risolto il nostro problema.

Esempio 3.6 *Calcolare l'integrale indefinito*

$$\int \frac{1}{x-3}\, dx \ .$$

La funzione integranda è:

$$f : y = f(x) = \frac{1}{x-3},$$
$$x \in I\,(\text{intervallo}) \subset A = \{x \in \mathbb{R} : x - 3 \neq 0\} = (-\infty, 3) \cup (3, +\infty)$$

e può essere riguardata come prodotto delle due funzioni:

$$f_1 : y = f_1(x) = \frac{1}{x-3} \quad , \quad x \in I$$

e

$$f_2 : y = f_2(x) = 1 \quad , \quad x \in I$$

di cui la f_1 è a sua volta funzione composta dalle funzioni:

$$\varphi_1 : u = \varphi_1(x) = x - 3 \quad , \quad x \in I$$

e
$$\varphi_2 : y = \varphi_2(u) = \frac{1}{u} \quad , \quad u \in \varphi_1(I).$$

Poiché la funzione f *è* continua, essendo "costruita" *a partire da funzioni continue, è dotata di (infinite) primitive.*

Siccome la funzione φ_2 *compare come* funzione integranda *nella tabella degli integrali fondamentali e la funzione* φ_1 *è derivabile e risulta:*

$$\varphi_1'(x) = (x-3)' = 1 = f_2(x)$$

si ha:

$$\int \frac{1}{x-3} \, dx = \int \frac{1}{x-3} \cdot 1 \, dx = \int \frac{1}{x-3} \cdot (x-3)' \, dx =$$
$$= \int \frac{1}{x-3} \, d(x-3) = \ln|x-3| + c.$$

Esempio 3.7 *Calcolare l'integrale indefinito*

$$\int \sin(kx) \, dx \quad con \quad k \neq 0 \, , \, k \neq 1.$$

La funzione integranda *è:*

$$f : y = f(x) = \sin(kx), \quad x \in I \, (intervallo) \subset A = (-\infty, +\infty)$$

e può essere riguardata come prodotto *delle due funzioni*

$$f_1 : u = f_1(x) = \sin(kx) \quad , x \in I$$

e

$$f_2 : y = f_2(x) = 1 \quad , x \in I$$

di cui la f_1 *è a sua volta* funzione composta *dalle funzioni*

$$\varphi_1 : u = \varphi_1(x) = k \cdot x, \quad x \in I$$

e

$$\varphi_2 : y = \varphi_2(u) = \sin u, \quad u \in \varphi_1(I)$$

§ 3.5 Uso della tabella generalizzata   117

    Poiché la funzione f è continua, *essendo "costruita" a partire da funzioni continue, è dotata di (infinite) primitive.*

    Siccome la funzione φ_2 compare come funzione integranda *nella tabella degli integrali fondamentali e la funzione φ_1 è derivabile e risulta:*

$$\varphi_1'(x) = (k \cdot x)' = k \cdot 1 = k \cdot f_2(x) \quad,$$

esprimendo f_2 per mezzo di φ_1', cioè scrivendo sotto il segno di integrale:

$$f_2(x) = \frac{1}{k} \cdot \varphi_1'(x) = \frac{1}{k} \cdot (k \cdot x)'$$

si ha:

$$\begin{aligned}\int \sin(kx)\,dx &= \int \sin(kx) \cdot 1\,dx = \int \sin(kx) \cdot \left[\frac{1}{k} \cdot (k \cdot x)'\right] dx = \\ &= \frac{1}{k} \cdot \int \sin(kx) \cdot (k \cdot x)'\,dx = \frac{1}{k} \cdot \int \sin(kx)\,d(kx) = \\ &= -\frac{1}{k}\cos(kx) + c\end{aligned}$$

Esempio 3.8 *Calcolare l'integrale indefinito*

$$\int \tan x\,dx$$

    La funzione integranda *è:*

$$f: y = f(x) = \tan x \quad, x \in I\,(\textit{intervallo}) \subset A = \{x \in \mathbb{R} : x \neq \frac{\pi}{2} + k\pi\}$$

    Tenendo presente la definizione della funzione tangente *possiamo senz'altro scrivere:*

$$\begin{aligned}\int \tan x\,dx &= \int \frac{\sin x}{\cos x}\,dx = \int \frac{1}{\cos x} \cdot \sin x\,dx = \\ &= -\int \frac{1}{\cos x}\,d(\cos x) = -\ln|\cos x| + c\end{aligned}$$

Un discorso analogo vale per l'*integrale indefinito* $\int \cotan x \, dx$, ma lo lasciamo calcolare allo Studente.

Se ragionerà correttamente arriverà alla seguente conclusione:

$$\int \cotan x \, dx = \ln|\sin x| + c$$

Se dobbiamo calcolare un *integrale indefinito* e la funzione integranda è tale da non poter usare nè la *tabella degli integrali fondamentali*, nè quella *generalizzata* allora si tenta con uno dei *metodi d'integrazione* che abbiamo nominato nel *paragrafo* precedente.

Occupiamoci di essi seguendo l'ordine con cui li abbiamo citati nel *paragrafo* 3.3.

3.6 Metodo d'integrazione per decomposizione in somma

Data una funzione continua f avente per dominio un *intervallo I*, il *metodo d'integrazione per decomposizione in somma* si basa sulle *proprietà* 1. e 2. delle primitive che abbiamo esposto nel *paragrafo* 3.4 e che sono riassunte nella formula (3.7).

Tale metodo consiste nel compiere i seguenti passi:

1. rappresentare la *funzione integranda f* come *combinazione lineare di n funzioni elementarmente integrabili*:

    $$f = c_1 \cdot f_1 + c_2 \cdot f_2 + \cdots + c_n \cdot f_n$$

2. ricercare una *primitiva* di ciascuna delle n funzioni: $f_1, f_2, \ldots, f_n$

3. sommare le n *primitive* trovate ed, alla *funzione somma* così ottenuta, sommare infine una *costante arbitraria c*; al variare della costante c in $\mathbb{R}$ si ottengono tutte le infinite primitive della funzione assegnata.

§ 3.6 Metodo di decomposizione in somma

Per fissare le idee diamo un esempio di applicazione di tale metodo!

Esempio 3.9 *Calcolare l'integrale indefinito*

$$\int \left(\sqrt{x} - 3 \cdot e^x + \frac{1}{x} \right) dx$$

La funzione integranda è:

$$f : y = f(x) = \sqrt{x} - 3 \cdot e^x + \frac{1}{x} \ ,$$
$$x \in I\,(intervallo) \subseteq A = \{x \in \mathbb{R} : x \geq 0; x \neq 0\} = (0, +\infty)$$

Si tratta di una funzione continua avente per dominio un intervallo e pertanto è dotata di (infinite) *primitive.*

Poiché essa è una funzione combinazione lineare delle funzioni:

$$\begin{aligned} f_1 &: \ y = f_1(x) = \sqrt{x} &, x \in I \\ f_2 &: \ y = f_2(x) = e^x &, x \in I \\ f_3 &: \ y = f_3(x) = \frac{1}{x} &, x \in I \end{aligned}$$

le quali appartengono, come funzioni integrande, alla tabella degli integrali fondamentali, le loro primitive sono note.

Facendo uso della (3.7) possiamo allora scrivere:

$$\begin{aligned} \int \left[\sqrt{x} - 3 \cdot e^x + \frac{1}{x} \right] dx &= \int x^{\frac{1}{2}} \, dx - 3 \cdot \int e^x \, dx + \int \frac{1}{x} \, dx = \\ &= \frac{x^{\frac{1}{2}+1}}{\frac{1}{2}+1} - 3 \cdot e^x + \ln|x| + c = \\ &= \frac{2}{3} \cdot x \cdot \sqrt{x} - 3 \cdot e^x + \ln|x| + c. \end{aligned}$$

Come si vede l'efficacia del *metodo* è legata alla possibilità di saper ricercare le *primitive* delle funzioni: $f_1, f_2, \ldots, f_n$ che compaiono nella *combinazione lineare* che rappresenta la *funzione integranda f*.

Una *famiglia di funzioni* delle quali possiamo ricercare le *primitive* con questo metodo è quella delle *funzioni razionali* delle quali abbiamo parlato nei *paragrafi* 3.7, 3.8 e 3.9 del libro "Numeri complessi, polinomi, frazioni algebriche".

Per ragioni di spazio, non ripetiamo qui quanto abbiamo già detto nei suddetti paragrafi, ma ci limitiamo ad alcune considerazioni.

3.7 Una famiglia di funzioni elementarmente integrabili: quella delle funzioni razionali

Sappiamo che le *funzioni razionali* sono funzioni *continue* e pertanto le loro *restrizioni* aventi per dominio un qualunque *intervallo I* sono dotate di *primitive*.

Poiché la *legge d'associazione* di una *funzione razionale* è rappresentata da una *frazione algebrica*, possono presentarsi due casi:

– *o* la *frazione algebrica* è *propria*

– *o* la *frazione algebrica* è *impropria*

Nel *primo caso*, la *legge d'associazione* della funzione può essere scritta servendosi della nota *formula di decomposizione di Hermite*[3] che qui trascriviamo:

---

[3]Tale *formula* è stata introdotta nel *paragrafo* 3.9 del libro "Numeri complessi, polinomi, frazioni algebriche".

§ 3.7 Le funzioni razionali

Formula di Hermite

$$f \, : \, y = f(x) = \frac{C(x)}{D(x)} = \sum_{l=1}^{h} \frac{A_l}{x - \alpha_l} + \sum_{m=1}^{k} \frac{B_m \cdot x + C_m}{x^2 - 2\beta_m \cdot x + (\beta_m^2 + \gamma_m^2)} +$$

$$+ \frac{d}{dx}\left[\frac{T(x)}{(x-\alpha_1)^{\nu_1-1} \cdot (x-\alpha_2)^{\nu_2-1} \cdots (x-\alpha_h)^{\nu_h-1}} \cdot \right.$$

$$\left. \cdot \frac{1}{[x^2 - 2\beta_1 \cdot x + (\beta_1^2 + \gamma_1^2)]^{\mu_1-1} \cdots [x^2 - 2\beta_k \cdot x + (\beta_k^2 + \gamma_k^2)]^{\mu_k-1}} \right],$$

$$x \in I(\text{intervallo}) \subseteq A \subseteq \mathbb{R} \qquad (3.13)$$

ove:

- $\alpha_1, \alpha_2, \ldots, \alpha_h$ sono gli *zeri reali* e $\beta_1 \pm i\gamma_1, \beta_2 \pm i\gamma_2, \ldots, \beta_k \pm i\gamma_k$ le *coppie* di *zeri complessi coniugati* del polinomio $D(x)$ di *ordini di molteplicità* rispettivamente $\nu_1, \nu_2, \ldots, \nu_h$ e $\mu_1, \mu_2, \ldots, \mu_k$.

- $T(x)$ è infine un *polinomio*:

    - *identicamente nullo* se gli *zeri* di $D(x)$ hanno tutti *ordini di molteplicità* uguale a uno;
    - di *grado* uguale a quello del polinomio che compare al denominatore diminuito di uno, se il polinomio $D(x)$ ha qualche *zero* di *ordine di molteplicità* maggiore di uno.

Nel *secondo caso*, poiché si ha:

$$\frac{C(x)}{D(x)} = Q(x) + \frac{R(x)}{D(x)}$$

ove:
$Q(x)$ e $R(x)$ sono rispettivamente il *quoziente* ed il *resto* che si ottengono eseguendo la *divisione* tra $C(x)$ e $D(x)$, la *legge d'associazione* della *funzione* resta espressa come *somma* del *polinomio* $Q(x)$ e dei *termini* della *formula di Hermite* applicata alla *frazione algebrica propria* $\frac{R(x)}{D(x)}$.

Osservando la *struttura* della *formula di Hermite* possiamo concludere che il *metodo d'integrazione per decomposizione in somma* è efficace nella ricerca delle *primitive* delle *funzioni razionali* se si riesce a calcolare gli *integrali indefiniti* del tipo

$$\int \frac{A}{x-\alpha}\,dx \quad \text{e} \quad \int \frac{B\cdot x+C}{x^2-2\beta\cdot x+(\beta^2+\gamma^2)}\,dx \qquad (3.14)$$

che in essa compaiono.

Se riusciremo in tale calcolo, affronteremo il problema di come determinare le *costanti* $A_1, A_2, \ldots, A_h; B_1, B_2, \ldots, B_k; C_1, C_2, \ldots, C_k$ ed i *coefficienti* del *polinomio* $T(x)$.

3.8 Calcolo degli integrali (3.14)

Proviamo ad eseguire i calcoli!

1. Il calcolo dell'*integrale indefinito*

$$\int \frac{A}{x-\alpha}\,dx$$

è dello stesso tipo di quello dell'*Esempio 3.6* ed il risultato è:

$$\int \frac{A}{x-\alpha}\,dx = A\cdot \log|x-\alpha| + c \qquad (3.15)$$

2. Il calcolo dell'*integrale indefinito*

$$\int \frac{B\cdot x+C}{x^2-2\beta\cdot x+(\beta^2+\gamma^2)}\,dx$$

si può eseguire ragionando così:

- Poiché la *derivata di una funzione polinomiale* è anche essa una *funzione polinomiale* di *grado diminuito di uno*, a-priori due situazioni sono possibili:

$$\text{o} \quad B\cdot x + C = [x^2 - 2\beta\cdot x + (\beta^2+\gamma^2)]' \qquad (3.16)$$
$$\text{o} \quad B\cdot x + C \neq [x^2 - 2\beta\cdot x + (\beta^2+\gamma^2)]' \qquad (3.17)$$

§ 3.8 Calcolo degli integrali (3.14)

Se si verifica la (3.16), la *tabella generalizzata* risolve immediatamente il problema del calcolo dell'*integrale indefinito*.

Si ha infatti:

$$\int \frac{B \cdot x + C}{x^2 - 2\beta \cdot x + (\beta^2 + \gamma^2)} \, dx =$$

$$= \int \frac{1}{x^2 - 2\beta \cdot x + (\beta^2 + \gamma^2)} \cdot [x^2 - 2\beta \cdot x + (\beta^2 + \gamma^2)]' \, dx =$$

$$= \int \frac{1}{x^2 - 2\beta \cdot x + (\beta^2 + \gamma^2)} \, d[x^2 - 2\beta \cdot x + (\beta^2 + \gamma^2)] =$$

$$= \log \left(x^2 - 2\beta \cdot x + (\beta^2 + \gamma^2) \right) + k_1 \qquad (3.18)$$

con k_1 costante arbitraria.

Se si verifica la (3.17), poiché i polinomi che compaiono nei due membri di essa differiscono solo per i *coefficienti*, proviamo a vedere se è possibile determinare due *costanti b e c* tali che risulti:

$$B \cdot x + C = b \cdot [x^2 - 2\beta \cdot x + (\beta^2 + \gamma^2)]' + c \quad . \qquad (3.19)$$

Eseguendo il calcolo della derivata che compare al secondo membro della (3.19) si ha:

$$B \cdot x + C = 2b \cdot x - 2\beta \cdot b + c \quad ; \qquad (3.20)$$

applicando il *principio di identità dei polinomi*, dalla (3.20) segue infine che:

$$b = \frac{B}{2}$$

e

$$c = C + 2\beta \cdot b = C + 2\beta \cdot \frac{B}{2} = C + \beta \cdot B.$$

Il polinomio $B \cdot x + C$ può essere allora scritto così:

$$B \cdot x + C = \frac{B}{2} \cdot [x^2 - 2\beta \cdot x + (\beta^2 + \gamma^2)]' + (C + \beta \cdot B). \qquad (3.21)$$

Servendoci della (3.21) e della (3.7) possiamo riscrivere l'integrale dato in questo modo:

$$\int \frac{B \cdot x + C}{x^2 - 2\beta \cdot x + (\beta^2 + \gamma^2)} \, dx =$$
$$= \frac{B}{2} \cdot \int \frac{1}{x^2 - 2\beta \cdot x + (\beta^2 + \gamma^2)} \cdot [x^2 - 2\beta \cdot x + (\beta^2 + \gamma^2)]' \, dx +$$
$$+ (C + \beta \cdot B) \cdot \int \frac{1}{x^2 - 2\beta \cdot x + (\beta^2 + \gamma^2)} \, dx \qquad (3.22)$$

Dei due integrali che compaiono nel secondo membro della (3.22), il *primo* lo abbiamo calcolato già: vedere la (3.18); del *secondo* ancora una volta la *tabella generalizzata* ce ne consente il calcolo.

Vediamo come!

$$(C + \beta \cdot B) \cdot \int \frac{1}{x^2 - 2\beta \cdot x + (\beta^2 + \gamma^2)} \, dx =$$
$$= (C + \beta \cdot B) \cdot \int \frac{1}{(x - \beta)^2 + \gamma^2} \, dx =$$
$$= \frac{C + \beta \cdot B}{\gamma^2} \cdot \int \frac{1}{\left(\frac{(x-\beta)}{\gamma}\right)^2 + 1} \, dx =$$
$$= \frac{C + \beta \cdot B}{\gamma^2} \cdot \int \frac{1}{\left(\frac{(x-\beta)}{\gamma}\right)^2 + 1} \cdot 1 \, dx =$$
$$= \frac{C + \beta \cdot B}{\gamma^2} \cdot \gamma \cdot \int \frac{1}{\left(\frac{(x-\beta)}{\gamma}\right)^2 + 1} \, d\left(\frac{x - \beta}{\gamma}\right) =$$
$$= \frac{C + \beta \cdot B}{\gamma} \cdot \arctan \frac{x - \beta}{\gamma} + k_2$$

con k_2 costante arbitraria.

§ 3.9 Calcolo di costanti e coefficienti in Hermite 125

Concludendo:

$$\int \frac{B \cdot x + C}{x^2 - 2\beta \cdot x + (\beta^2 + \gamma^2)} \, dx =$$
$$= \frac{B}{2} \cdot \log\left(x^2 - 2\beta \cdot x + (\beta^2 + \gamma^2)\right) + \frac{C + \beta \cdot B}{\gamma} \cdot \arctan \frac{x - \beta}{\gamma} + k \tag{3.23}$$

ove k è una costante arbitraria essendo somma delle costanti arbitrarie k_1 e k_2.

Visto che siamo riusciti nel calcolo degli integrali (3.14) e quindi che la *formula di Hermite* risponde bene allo scopo, affrontiamo il problema di come determinare le *costanti* $A_1, A_2, \ldots, A_h; B_1, B_2, \ldots, B_k; C_1, C_2, \ldots, C_k$ ed i *coefficienti* del *polinomio* $T(x)$ che in essa compaiono.

3.9 Calcolo delle costanti e dei coefficienti del polinomio $T(x)$ che compaiono nella formula di Hermite

È facile intuire che la via da seguire per il *calcolo* delle *costanti* e dei *coefficienti* del polinomio $T(x)$, è questa:

1. eseguire l'*operazione di derivazione* che compare nella (3.13).

2. applicare poi il *metodo di identificazione* oppure il *metodo di variazione dell'argomento* di cui abbiamo parlato alla fine del paragrafo 3.4 del libro "Numeri complessi, polinomi, frazioni algebriche", per il calcolo delle *costanti* e dei *coefficienti* del polinomio.

Una volta eseguiti tali calcoli, sostituire nella (3.13) i valori trovati e calcolare l'*integrale indefinito* della funzione tenendo appunto conto della (3.7).

Si ha:

$$\int f(x)\,dx = \sum_{l=1}^{h}\int \frac{A_l}{x-\alpha_l}\,dx + \sum_{m=1}^{k}\int \frac{B_m\cdot x + C_m}{x^2 - 2\beta_m\cdot x + (\beta_m^2 + \gamma_m^2)}\,dx +$$
$$+ \int \frac{d}{dx}\left[\frac{T(x)}{(x-\alpha_1)^{\nu_1 - 1}\cdot(x-\alpha_2)^{\nu_2 - 1}\cdots(x-\alpha_h)^{\nu_h - 1}}\cdot\right.$$
$$\left.\cdot\frac{1}{[x^2 - 2\beta_1\cdot x + (\beta_1^2 + \gamma_1^2)]^{\mu_1 - 1}\cdots[x^2 - 2\beta_k\cdot x + (\beta_k^2 + \gamma_k^2)]^{\mu_k - 1}}\right]dx$$
(3.24)

Come si vede, questa strada è lunga però può essere notevolmente abbreviata tenendo conto di alcune *osservazioni* che ora faremo.

Vediamo quali!

3.10 Alcune osservazioni circa la costruzione della formula di decomposizione di Hermite

Analizziamo ora la *formula di decomposizione di Hermite* per vedere l'aspetto che essa assume nei distinti casi che si possono presentare per gli *zeri* di $D(x)$ ed escogitiamo degli *accorgimenti pratici*, alternativi al *metodo di identificazione* per il calcolo delle *costanti* che in essa compaiono.

1° caso

Se gli n zeri del polinomio $D(x)$ sono *reali* e *distinti*, cioè ciascuno di essi ha *ordine di molteplicità* uguale ad uno, la *formula di decomposizione di Hermite* diviene:

$$f : y = f(x) = \frac{C(x)}{D(x)} = \frac{A_1}{x-\alpha_1} + \frac{A_2}{x-\alpha_2} + \cdots + \frac{A_n}{x-\alpha_n},$$
$$x \in A = \mathbb{R} - \{\alpha_1, \alpha_2, \ldots, \alpha_n\} \quad (3.25)$$

§ 3.10 Osservazioni sulla formula di Hermite

Se moltiplichiamo ambo i membri dell'uguaglianza:

$$\frac{C(x)}{D(x)} = \frac{A_1}{x-\alpha_1} + \frac{A_2}{x-\alpha_2} + \cdots + \frac{A_n}{x-\alpha_n}$$

per $x - \alpha_1$, otteniamo quest'altra uguaglianza:

$$(x-\alpha_1) \cdot \frac{C(x)}{D(x)} = A_1 + (x-\alpha_1) \cdot \frac{A_2}{x-\alpha_2} + \cdots + (x-\alpha_1) \cdot \frac{A_n}{x-\alpha_n}.$$

Eseguendo sui due membri di essa *l'operazione di limite* per $x \to \alpha_1$ otteniamo:

$$\lim_{x \to \alpha_1} \left[(x-\alpha_1) \cdot \frac{C(x)}{D(x)} \right] = A_1 \qquad (3.26)$$

per cui l'*operazione di limite* che compare nel primo membro della (3.26) dà come risultato un *numero* A_1.

Il valore di tale numero A_1 può essere calcolato eseguendo la suddetta *operazione di limite* per mezzo della *regola di De L'Hôspital*.

Si ha:

$$\lim_{x \to \alpha_1} \left[(x-\alpha_1) \cdot \frac{C(x)}{D(x)} \right] = \lim_{x \to \alpha_1} \frac{(x-\alpha_1) \cdot C(x)}{D(x)} \stackrel{H}{=}$$

$$\stackrel{H}{=} \lim_{x \to \alpha_1} \frac{1 \cdot C(x) + (x-\alpha_1) \cdot C'(x)}{D'(x)} = \frac{C(\alpha_1)}{D'(\alpha_1)}$$

e quindi

$$A_1 = \frac{C(\alpha_1)}{D'(\alpha_1)}$$

In modo del tutto analogo si calcolano le altre *costanti*: $A_2, A_3, \ldots, A_n$ e quindi possiamo scrivere:

$$A_1 = \frac{C(\alpha_1)}{D'(\alpha_1)}, A_2 = \frac{C(\alpha_2)}{D'(\alpha_2)}, \ldots, A_n = \frac{C(\alpha_n)}{D'(\alpha_n)} \qquad [4] \qquad (3.27)$$

---

[4] Sicuramente risulta $D'(\alpha_1) \neq 0, D'(\alpha_2) \neq 0, \ldots D'(\alpha_n) \neq 0$ essendo $\alpha_1, \alpha_2, \ldots, \alpha_n$ zeri reali di $D(x)$ di ordine di molteplicità uguale ad uno.

e concludere che le *formule* (3.27) costituiscono un *accorgimento pratico* per il calcolo delle *costanti* che compaiono nella (3.25), alternativo al *metodo di identificazione*.

2° caso

Se gli n *zeri* del polinomio $D(x)$ sono tutti *distinti*, cioè ciascuno di essi ha *ordine di molteplicità* uguale ad uno, ma non tutti *reali*, detti al solito $\alpha_1, \alpha_2, \ldots, \alpha_h$ gli *zeri reali* e $\beta_1 \pm i\gamma_1, \beta_2 \pm i\gamma_2, \ldots, \beta_k \pm i\gamma_k$ le *coppie di zeri tra loro complessi coniugati*, la *formula di decomposizione di Hermite* diviene:

$$\begin{aligned} f : y &= f(x) = \frac{C(x)}{D(x)} = \\ &= \frac{A_1}{x-\alpha_1} + \frac{A_2}{x-\alpha_2} + \cdots + \frac{A_h}{x-\alpha_h} + \frac{B_1 \cdot x + C_1}{x^2 - 2\beta_1 \cdot x + (\beta_1^2 + \gamma_1^2)} + \\ &+ \frac{B_2 \cdot x + C_2}{x^2 - 2\beta_2 \cdot x + (\beta_2^2 + \gamma_2^2)} + \cdots + \frac{B_k \cdot x + C_k}{x^2 - 2\beta_k \cdot x + (\beta_k^2 + \gamma_k^2)}, \\ & x \in A = \mathbb{R} - \{\alpha_1, \alpha_2, \ldots, \alpha_h\} \end{aligned} \qquad (3.28)$$

È immediato rendersi conto che le *costanti* $A_1, A_2, \ldots, A_h$ si possono anche qui calcolare con le formule (3.27) perché anche in questo caso si può ripetere il ragionamento fatto per stabilirle.

Una volta calcolati e sostituiti nella (3.28) i valori di $A_1, A_2, \ldots, A_h$, il calcolo delle *costanti* $B_1, B_2, \ldots, B_k, C_1, C_2, \ldots, C_k$ si può eseguire considerando l'uguaglianza:

$$\begin{aligned} \frac{C(x)}{D(x)} &= \frac{A_1}{x-\alpha_1} + \frac{A_2}{x-\alpha_2} \cdots \frac{A_h}{x-\alpha_h} + \frac{B_1 \cdot x + C_1}{x^2 - 2\beta_1 \cdot x + (\beta_1^2 + \gamma_1^2)} + \\ &+ \frac{B_2 \cdot x + C_2}{x^2 - 2\beta_2 \cdot x + (\beta_2^2 + \gamma_2^2)} + \cdots + \frac{B_k \cdot x + C_k}{x^2 - 2\beta_k \cdot x + (\beta_k^2 + \gamma_k^2)}, \end{aligned} \qquad (3.29)$$

ed applicando il *metodo di identificazione* che conduce ad un *sistema* di $2k$ *equazioni lineari* nelle $2k$ *incognite* $B_1, B_2, \ldots, B_k, C_1, C_2, \ldots, C_k$.

Osserviamo che una di tali equazioni si può ottenere anche moltiplicando per x ambo i membri della (3.29) ed eseguendo poi l'*operazione di limite* per $x \to +\infty$; le altre, assegnando all'incognita x che compare nella (3.29) dei particolari valori purché distinti da $\alpha_1, \alpha_2, \ldots, \alpha_h$.

§ 3.10 Osservazioni sulla formula di Hermite

Anche in questo caso quindi si può evitare l'uso del *metodo di identificazione*!

3° *caso*

Se gli n zeri del polinomio $D(x)$ *non* sono tutti *distinti*, la *formula di decomposizione di Hermite* ha l'aspetto generale (3.13) potendo al più mancare

o i *termini* del tipo $\frac{A_l}{x-\alpha_l}$ se tutti gli *zeri* sono *complessi*

o i *termini* del tipo $\frac{B_m \cdot x + C_m}{x^2 - 2\beta_m \cdot x + (\beta_m^2 + \gamma_m^2)}$ se tutti gli *zeri* sono *reali*.

La via da seguire per il calcolo delle *costanti* $A_1, A_2, \ldots, A_l, \ldots, A_k$, $B_1, B_2, \ldots, B_m, \ldots, B_k, C_1, C_2, \ldots, C_m, \ldots, C_k$ e dei *coefficienti* del polinomio $T(x)$ (che certamente non è identicamente nullo) è quella indicata nel *paragrafo 3.9*.

In questo caso vogliamo solamente fare un'*osservazione* a proposito del *calcolo della derivata* che compare nella (3.13).

Osservazione

Nel calcolare la derivata che compare nella (3.13) non conviene applicare la *regola di derivazione del quoziente* ma quella del *prodotto*.

Spieghiamoci con un esempio!

Esempio 3.10 *Data la funzione razionale propria*

$$f : y = f(x) = \frac{C(x)}{D(x)} = \frac{x^2+3}{x \cdot (x-1)^3 \cdot (x^2+1)^2}, \quad x \in A = \mathbb{R} - \{0, 1\}$$

poiché gli zeri del polinomio $D(x)$ sono:

$\alpha_1 = 0 \quad$ con $\quad \nu_1 = 1$
$\alpha_2 = 1 \quad$ con $\quad \nu_2 = 3$
$\beta_1 \pm \gamma_1 = \pm i \quad$ con $\quad \mu_1 = 2$

la formula di decomposizione (3.13) in questo caso diviene:

$$f : y = f(x) = \frac{x^2 + 3}{x \cdot (x-1)^3 \cdot (x^2+1)^2} = \frac{A_1}{x} + \frac{A_2}{x-1} + \frac{B_1 \cdot x + C_1}{x^2+1} +$$

$$+ \frac{d}{dx}\left[\frac{M \cdot x^3 + N \cdot x^2 + O \cdot x + P}{(x-1)^2 \cdot (x^2+1)}\right], \quad x \in A \quad (3.30)$$

Per il calcolo della derivata, scriviamo il termine da derivare così:

$$(M \cdot x^3 + N \cdot x^2 + O \cdot x + P) \cdot (x-1)^{-2} \cdot (x^2+1)^{-1}$$

ed applichiamo la regola di derivazione del prodotto.
Si ottiene:

$$\frac{d}{dx}\left[(M \cdot x^3 + N \cdot x^2 + O \cdot x + P) \cdot (x-1)^{-2} \cdot (x^2+1)^{-1}\right] =$$

$$= \frac{3M \cdot x^2 + 2N \cdot x + O}{(x-1)^2 \cdot (x^2+1)} - \frac{2 \cdot (M \cdot x^3 + N \cdot x^2 + O \cdot x + P)}{(x-1)^3 \cdot (x^2+1)} +$$

$$- \frac{2 \cdot x(M \cdot x^3 + N \cdot x^2 + O \cdot x + P)}{(x-1)^2 \cdot (x^2+1)^2}.$$

Possiamo allora scrivere:

$$\frac{x^2+3}{x \cdot (x-1)^3 \cdot (x^2+1)^2} = \frac{A_1}{x} + \frac{A_2}{x-1} + \frac{B_1 \cdot x + C_1}{x^2+1} +$$

$$+ \frac{3M \cdot x^2 + 2N \cdot x + O}{(x-1)^2 \cdot (x^2+1)} +$$

$$- \frac{2 \cdot (M \cdot x^3 + N \cdot x^2 + O \cdot x + P)}{(x-1)^3 \cdot (x^2+1)} +$$

$$- \frac{2 \cdot x(M \cdot x^3 + N \cdot x^2 + O \cdot x + P)}{(x-1)^2 \cdot (x^2+1)^2}$$

e mediante il metodo d'identificazione *oppure mediante qualcuno degli* accorgimenti pratici *illustrati nei due casi precedenti, determinare le costanti* $A_1, A_2, B_1, C_1, M, N, O$ *e* P.

Note che siano tali costanti, *sostituirle nella (3.30) e quindi procedere all'integrazione nel modo indicato nella (3.24)*

§ 3.10 Osservazioni sulla formula di Hermite

Per terminare con le *funzioni razionali* facciamo un'ultima osservazione che, in due casi, ci fa abbreviare notevolmente i calcoli.

Se dobbiamo scrivere la *formula di decomposizione di Hermite* di una data *funzione razionale propria* e quest'ultima è una *funzione pari* oppure una *funzione dispari*, possiamo *a-priori* asserire che certe *costanti* e certi *coefficienti* del polinomio $T(x)$, che in essa compaiono, sono nulli.

Facciamo un esempio!

Esempio 3.11 *Data la* funzione razionale propria

$$f : y = f(x) = \frac{C(x)}{D(x)} = \frac{x^2}{(x^2+1)^3} \quad , x \in A \equiv \mathbb{R}$$

scrivere la sua formula di decomposizione di Hermite.

Gli zeri del polinomio $D(x)$ sono $\pm i$, entrambi di ordine di molteplicità tre e pertanto ci troviamo nel terzo dei casi considerati.

Possiamo allora scrivere:

$$f : y = f(x) = \frac{C(x)}{D(x)} = \frac{x^2}{(x^2+1)^3} = \frac{B_1 \cdot x + C_1}{x^2+1} + \\ + \frac{d}{dx}\left[\frac{M \cdot x^3 + N \cdot x^2 + O \cdot x + P}{(x^2+1)^2}\right] \quad (3.31)$$

Essendo la funzione f una funzione pari, debbono essere pari tutte le funzioni che compaiono come termini nel secondo membro della (3.31). Ricordando che la derivata di una funzione dispari è una funzione pari, se vogliamo che tutte le funzioni che compaiono come termini nel secondo membro della (3.31) siano pari deve essere necessariamente:

$$B_1 = 0 \quad ; \quad N = 0 \quad e \quad P = 0$$

e quindi la (3.31) diviene:

$$f : y = f(x) = \frac{C(x)}{D(x)} = \frac{x^2}{(x^2+1)^3} = \frac{C_1}{x^2+1} + \frac{d}{dx}\left[\frac{M \cdot x^3 + + O \cdot x}{(x^2+1)^2}\right] \quad (3.32)$$

Eseguendo i calcoli nel modo che abbiamo dianzi detto si trova:

$$C_1 = \frac{1}{8} \quad ; \quad M = \frac{1}{8} \quad ed \quad O = -\frac{1}{8}.$$

Riprendiamo ora ad esporre i *metodi d'integrazione*!

3.11 Metodo d'integrazione per parti

Il *metodo d'integrazione per parti* non è altro che l'applicazione della *proprietà 3.* delle *primitive* esposta nel *paragrafo 3.4*.

Tale *metodo* può essere applicato solo se la funzione f di cui si cercano le primitive è *funzione prodotto* di due funzioni:

$$f = f_1 \cdot f_2$$

e le funzioni f_1 e f_2 verificano le seguenti condizioni:

a. di una di esse, ad esempio di f_1, si conosce una *primitiva* che denotiamo con F_1.

b. l'altra funzione, cioè la f_2, è *derivabile* e la sua *derivata f_2'* è *continua*.

Sotto tali *condizioni*, vale appunto la (3.8) che per comodità riscriviamo:

$$\int f_1(x) \cdot f_2(x)\, dx = F_1(x) \cdot f_2(x) - \int F_1(x) \cdot f_2'(x)\, dx \qquad (3.8)$$

L'efficacia del *metodo* quindi è subordinata al fatto di saper calcolare l'*integrale indefinito*

$$\int F_1(x) \cdot f_2'(x)\, dx.$$

Prima di sperimentare tutto ciò nella pratica, facciamo alcune osservazioni:

§ 3.11 Metodo d'integrazione per parti   133

1°− È indifferente quale delle infinite *primitive* della f_1 venga impiegata nella (3.8). Se infatti nella (3.8) al posto di una data *primitiva* F_1 di f_1, si utilizza un'altra *primitiva* di essa, essendo quest'ultima del tipo F_1+c, si ha:

$$\int f_1(x) \cdot f_2(x)\, dx = (F_1(x)+c) \cdot f_2(x) - \int [F_1(x)+c] \cdot f_2'(x)\, dx =$$

$$= F_1(x) \cdot f_2(x) + c \cdot f_2(x) - \int [F_1(x) \cdot f_2'(x) + c \cdot f_2'(x)]\, dx =$$

$$= F_1(x) \cdot f_2(x) + c \cdot f_2(x) - \int F_1(x) \cdot f_2'(x)\, dx - c \int f_2'(x)\, dx =$$

$$= F_1(x) \cdot f_2(x) + c \cdot f_2(x) - \int F_1(x) \cdot f_2'(x)\, dx - c \cdot [f_2(x)+d] =$$

$$= F_1(x) \cdot f_2(x) + \cancel{c \cdot f_2(x)} - \int F_1(x) \cdot f_2'(x)\, dx - \cancel{c \cdot f_2(x)} - c \cdot d =$$

$$= F_1(x) \cdot f_2(x) - \int F_1(x) \cdot f_2'(x)\, dx - c \cdot d =$$

$$= \left(F_1(x) \cdot f_2(x) - \int F_1(x) \cdot f_2'(x)\, dx \right) + (-c \cdot d)$$

e quindi abbiamo ottenuto ancora una *primitiva* di $f_1 \cdot f_2$ perché il risultato differisce dalla (3.8) per la costante arbitraria $-c \cdot d$.

2°− Se si conoscono le *primitive* sia di f_1 che di f_2 nell'utilizzare il *metodo di integrazione per parti*, si sceglie una *primitiva* di quella delle due funzioni che rende "più semplice" il calcolo dell'integrale che compare nel secondo membro della (3.8)

3°− Se la *funzione integranda* f non si presenta come una *funzione prodotto* di due funzioni, poiché può essere sempre riguardata come tale scrivendo:

$$f = f_1 \cdot f_2 = 1 \cdot f \quad ,$$

se è *derivabile* con *derivata continua*, anche in questo caso, per il calcolo del suo *integrale indefinito*, si può tentare l'uso del *metodo d'integrazione per parti*. Si ha infatti

$$\int f(x)\, dx = \int 1 \cdot f(x)\, dx = x \cdot f(x) - \int x \cdot f'(x)\, dx$$

e l'esito sarà positivo se riusciremo a calcolare l'*integrale indefinito*

$$\int x \cdot f'(x)\, dx$$

4°— Il *metodo d'integrazione per parti* si può utilizzare più volte nel calcolo di uno stesso *integrale indefinito*, nel senso che si può riapplicare il *metodo* per calcolare l'integrale che compare nel secondo membro della (3.8)

Alla luce di tali *osservazioni* sperimentiamo su alcuni *esempi* l'uso del *metodo d'integrazione* illustrato.

Esempio 3.12 *Calcolare l'integrale indefinito*

$$\int x \cdot \sin x\, dx.$$

La funzione integranda *è:*

$$f : y = f(x) = x \cdot \sin x \quad, x \in I\,(intervallo) \subset A = (-\infty, +\infty)$$

Si tratta di una funzione continua *il cui dominio è un intervallo e pertanto è dotata di infinite* primitive.

Poichè la funzione f è una funzione prodotto *di due funzioni ed entrambe soddisfano le ipotesi verificate dalle funzioni f_1 e f_2, dobbiamo innanzitutto decidere a quale delle due funzioni far giocare il ruolo che nella (3.8) gioca la funzione f_1.*

L'osservazione 2° ci consiglia di far giocare alla funzione seno *il ruolo della funzione f_1.*

Con tale scelta abbiamo:

$$\begin{aligned}
\int x \cdot \sin x\, dx &= -\cos x \cdot x - \int (-\cos x) \cdot 1\, dx = \\
&= -\cos x \cdot x + \int \cos x\, dx + c = \\
&= -\cos x \cdot x + \sin x + c
\end{aligned}$$

§ 3.11 Metodo d'integrazione per parti

Se avessimo scelto come funzione f_1 l'altra funzione, avremmo avuto:

$$\int x \cdot \sin x \, dx = \frac{1}{2}x^2 \cdot \sin x - \int \frac{1}{2}x^2 \cdot \cos x \, dx = \frac{1}{2}x^2 \sin x - \frac{1}{2}\int x^2 \cdot \cos x \, dx$$

e siccome l'integrale indefinito

$$\int x^2 \cdot \cos x \, dx$$

è più complicato di quello di partenza, il metodo d'integrazione per parti *sarebbe risultato inefficace.*

Dall'*esempio esaminato* segue un orientamento di carattere generale che è questo:

– tutte le volte che dobbiamo trovare le *primitive* di una funzione del tipo:

$$f : y = f(x) = x^n \cdot g(x) \quad , x \in I \subseteq \mathbb{R} \text{ e } n \text{ intero positivo} \quad ,$$

se si conosce una *primitiva* della funzione g non utilizzare quella dell'altra funzione altrimenti può verificarsi quanto è accaduto nell'esempio considerato.

Esempio 3.13 *Calcolare l'integrale indefinito*

$$\int x^3 \cdot \sin x \, dx$$

Seguendo l'orientamento dato, si ha:

$$\int x^3 \cdot \sin x \, dx = -\cos x \cdot x^3 - 3 \cdot \int x^2 \cdot (-\cos x) \, dx =$$

$$= -\cos x \cdot x^3 + 3 \cdot \int x^2 \cdot \cos x \, dx =$$

$$= \text{tenendo conto delle osservazioni } 4° \text{ e } 2° =$$

$$= -\cos x \cdot x^3 + 3 \cdot \left[\sin x \cdot x^2 - 2 \cdot \int x \cdot \sin x \, dx \right] =$$

$$= -\cos x \cdot x^3 + 3 \cdot \sin x \cdot x^2 - 6 \cdot \int x \cdot \sin x \, dx =$$

$$= \text{ancora per le osservazioni } 4° \text{ e } 2° =$$

$$= -\cos x \cdot x^3 + 3 \cdot \sin x \cdot x^2 - 6 \cdot \left[-\cos x \cdot x + \int \cos x \cdot 1 \, dx \right] =$$

$$= -\cos x \cdot x^3 + 3 \cdot \sin x \cdot x^2 + 6 \cdot \cos x \cdot x - 6 \cdot \int \cos x \, dx =$$

$$= -\cos x \cdot x^3 + 3 \cdot \sin x \cdot x^2 + 6 \cdot \cos x \cdot x - 6 \cdot \sin x + c$$

Esempio 3.14 *Calcolare l'integrale indefinito*

$$\int x \cdot \log x \, dx \quad .$$

Poiché non conosciamo le primitive della funzione logaritmo, facciamo giocare all'altra funzione il ruolo che nella (3.8) gioca la funzione f_1.

Si ha:

$$\int x \cdot \log x \, dx = \frac{1}{2} x^2 \cdot \log x - \frac{1}{2} \cdot \int x^2 \cdot \frac{1}{x} \, dx =$$

$$= \frac{1}{2} \cdot x^2 \cdot \log x - \frac{1}{2} \cdot \left(\frac{1}{2} x^2 \right) + c = \frac{1}{2} \cdot x^2 \cdot \log x - \frac{1}{4} \cdot x^2 + c.$$

Esempio 3.15 *Calcolare l'integrale indefinito*

$$\int \log x \, dx.$$

§ 3.11 Metodo d'integrazione per parti

Tenendo conto dell'osservazione 3°, possiamo scrivere:

$$\int \log x \, dx = \int 1 \cdot \log x \, dx = x \cdot \log x - \int \not{x} \cdot \frac{1}{\not{x}} dx =$$
$$= x \cdot \log x - x + c$$

Esempio 3.16 *Calcolare l'integrale indefinito*

$$\int \arcsin x \, dx.$$

Tenendo conto dell'osservazione 3°, possiamo scrivere:

$$\int \arcsin x \, dx = \int 1 \cdot \arcsin x \, dx =$$
$$= x \cdot \arcsin x - \int x \cdot \frac{1}{\sqrt{1-x^2}} \, dx =$$
$$= x \cdot \arcsin x - \int x \cdot (1-x^2)^{-\frac{1}{2}} \, dx =$$
$$= \text{facendo uso della tabella generalizzata} =$$
$$= x \cdot \arcsin x + \frac{1}{2} \int (1-x^2)^{-\frac{1}{2}} \, d(1-x^2) =$$
$$= x \cdot \arcsin x + \frac{1}{\not{2}} \frac{\not{(1-x^2)^{-\frac{1}{2}+1}}}{-\frac{1}{2}+1} + c =$$
$$= x \cdot \arcsin x + \sqrt{1-x^2} + c$$

Esempio 3.17 *Calcolare l'integrale indefinito*

$$\int \arccos x \, dx$$

Procedendo come negli esempi 3.15 e 3.16, si ha:

$$\begin{aligned}\int \arccos x \, dx &= \int 1 \cdot \arccos x \, dx = \\ &= x \cdot \arccos x - \int x \cdot \left(-\frac{1}{\sqrt{1-x^2}}\right) dx = \\ &= x \cdot \arccos x + \int x \cdot \frac{1}{\sqrt{1-x^2}} \, dx = \\ &= \text{ragionando come nell'esempio precedente} = \\ &= x \cdot \arccos x - \sqrt{1-x^2} + c\end{aligned}$$

Un'altra via possibile per il calcolo di tale integrale consiste nello sfruttare la relazione che esiste tra arcocoseno e arcoseno:

$$\arccos x = \frac{\pi}{2} - \arcsin x \quad .$$

Si ha infatti:

$$\begin{aligned}\int \arccos x \, dx &= \int [\frac{\pi}{2} - \arcsin x] \, dx = \text{ per la (3.7)} = \\ &= \frac{\pi}{2} \cdot x - \int \arcsin x \, dx = \\ &= \frac{\pi}{2} \cdot x - \left(x \cdot \arcsin x + \sqrt{1-x^2} + c\right) = \\ &= x \cdot \left(\frac{\pi}{2} - \arcsin x\right) - \sqrt{1-x^2} - c = \\ &= x \cdot \arccos x - \sqrt{1-x^2} - c \qquad \text{[5]}\end{aligned}$$

Esempio 3.18 *Calcolare l'integrale indefinito*

$$\int \arctan x \, dx$$

---

[5] Il fatto che nel risultato sia scritto $-c$ in luogo di $+c$ non è di alcuna importanza, perché sempre di una *costante arbitraria* si tratta.

§ 3.11 Metodo d'integrazione per parti

Anche in questo caso, procedendo come negli esempi 3.15, 3.16 e 3.17, si ha:

$$\begin{aligned}\int \arctan x \, dx &= \int 1 \cdot \arctan x \, dx = x \cdot \arctan x - \int x \cdot \frac{1}{1+x^2} \, dx = \\ &= x \cdot \arctan x - \frac{1}{2} \int \frac{1}{1+x^2} \, d(1+x^2) = \\ &= x \cdot \arctan x - \frac{1}{2} \log|1+x^2| + c\end{aligned}$$

Diamo un esempio ancora!

Esempio 3.19 *Calcolare l'integrale indefinito*

$$\int \cos^2 x \, dx$$

La funzione integranda è:

$$f : y = f(x) = \cos^2 x \quad , x \in I \, (intervallo) \subset A = (-\infty, +\infty).$$

Si tratta di una funzione continua e pertanto è dotata di infinite primitive.
Tentiamo la loro ricerca seguendo varie vie!

1^a **via** *Una prima via è quella che tiene conto dell'osservazione 3. Si ha allora:*

$$\begin{aligned}\int \cos^2 x \, dx &= \int 1 \cdot \cos^2 x \, dx = \\ &= x \cdot \cos^2 x - \int x \cdot 2\cos x \cdot (-\sin x) \, dx = \\ &= x \cdot \cos^2 x + \int x \cdot \sin(2x) \, dx \quad\quad (3.33)\end{aligned}$$

Tale via sarà fruttuosa se riusciremo a calcolare l'integrale che compare nell'ultimo membro della (3.33).

Quest'ultimo integrale può essere calcolato tenendo presente che:

$$\int \sin(2x)\ dx\ =\ \text{vedere esempio 3.7}\ =\ -\frac{1}{2}\cdot\cos(2x)+c$$

ed utilizzando ancora una volta il metodo d'integrazione per parti.

Si ha infatti:

$$\begin{aligned}\int x\cdot\sin(2x)\ dx &= -\frac{1}{2}\cdot\cos(2x)\cdot x - \int\left[-\frac{1}{2}\cdot\cos(2x)\right]\cdot 1\ dx = \\ &= -\frac{1}{2}\cdot\cos(2x)\cdot x + \frac{1}{2}\cdot\int\cos(2x)\ dx \\ &= \text{ragionando come nell'esempio 3.7} = \\ &= -\frac{1}{2}\cdot\cos(2x)\cdot x + \frac{1}{4}\cdot\sin(2x) + c. \end{aligned} \qquad (3.34)$$

Tenendo conto della (3.34), la (3.33) diviene:

$$\int\cos^2 x\ dx = x\cdot\cos^2 x - \frac{1}{2}\cdot\cos(2x)\cdot x + \frac{1}{4}\cdot\sin(2x) + c \qquad (3.35)$$

e quindi la 1^a via è stata fruttuosa.

2^a **via** *Una seconda via consiste nel riguardare la funzione integranda come prodotto di due funzioni che si ottengono tenendo conto della definizione di potenza ad esponente intero positivo e nell'utilizzare poi il metodo di integrazione per parti.*

Proviamo!

§ 3.11 Metodo d'integrazione per parti

$$\int \cos^2 x \, dx = \int \cos x \cdot \cos x \, dx =$$
$$= \sin x \cdot \cos x - \int \sin x \cdot (-\sin x) \, dx =$$
$$= \sin x \cdot \cos x + \int \sin^2 x \, dx =$$
$$= \text{per la relazione fondamentale della goniometria} =$$
$$= \sin x \cdot \cos x + \int (1 - \cos^2 x) \, dx =$$
$$= \text{per la proprietà (3.7)} =$$
$$= \sin x \cdot \cos x + x - \int \cos^2 x \, dx \qquad (3.36)$$

Dalla (3.36) segue :

$$\int \cos^2 x \, dx = \sin x \cdot \cos x + x - \int \cos^2 x \, dx \qquad (3.37)$$

Se nella (3.37) trasportiamo al primo membro l'integrale che compare nel secondo membro, otteniamo quest'altra uguaglianza:

$$2 \cdot \int \cos^2 \, dx = \sin x \cdot \cos x + x$$

da cui segue:

$$\int \cos^2 x \, dx = \frac{1}{2} \cdot (\sin x \cdot \cos x + x) + c \qquad (3.38)$$

Anche la 2^a via è stata fruttuosa.

3^a **via** Tenendo conto dell'identità goniometrica [6]

$$\cos^2 x = \frac{1}{2} \cdot (1 + \cos(2x))$$

---

[6] Vedere il libro "Funzioni reali di una variabile reale", *paragrafo* 3.12.

possiamo scrivere

$$\begin{aligned}\int \cos^2 x \, dx &= \int \frac{1}{2}\cdot(1+\cos(2x))\,dx = \\ &= \text{\textit{per la} proprietà (3.7)} = \\ &= \frac{1}{2}\cdot x + \frac{1}{2}\cdot\int \cos(2x)\,dx = \\ &= \text{\textit{facendo uso della tabella generalizzata}} = \\ &= \frac{1}{2}\cdot x + \frac{1}{4}\sin(2x) + c \end{aligned} \qquad (3.39)$$

ed anche questa 3ª via è andata a buon fine.

Confrontando i secondi membri delle (3.35), (3.38) e (3.39) viene naturale chiedersi:

- Non avevamo detto che le *infinite primitive* di una funzione (che le ha) differiscono tra loro per una *costante additiva*? Come mai nel nostro caso ciò non si è verificato?

La risposta è immediata se non confondiamo la *legge d'associazione di una funzione* con la "formula" che la rappresenta.

Come lo Studente può verificare, le "formule" ottenute nei tre casi rappresentano la legge di associazione della stessa *funzione* che è appunto la *generica primitiva* della *funzione integranda*.

L'esempio esaminato pone in evidenza che:

- Se esistono *più vie* per ricercare la *generica primitiva* di una data *funzione integranda*, la "formula" che ne rappresenta la *legge d'associazione* dipende in generale dalla *via* seguita per la sua ricerca.

Esempio 3.20 *Calcolare l'integrale indefinito*

$$\int \sin^2 x \, dx \quad .$$

Come è facile immaginare, per il calcolo di tale integrale, si possono seguire le stesse vie dell'esempio precedente ed invitiamo lo Studente a farlo.

§ 3.12 Metodo d'integrazione per sostituzione

L'unica cosa che vogliamo osservare è che, poiché è noto

$$\int \cos^2 x \, dx$$

abbiamo qui una quarta via *da seguire, molto più rapida delle altre ed è questa:*

$$\int \sin^2 x \, dx = \int (1 - \cos^2 x) \, dx = x - \int \cos^2 x \, dx.$$

Utilizzando ad esempio la (3.38) concludiamo che

$$\int \sin^2 x \, dx = \frac{1}{2} \cdot (x - \sin x \cdot \cos x) - c.$$

Passiamo infine ad esporre il *metodo di integrazione per sostituzione*.

3.12 Metodo d'integrazione per sostituzione

Data una *funzione continua*

$$f : y = f(x) \quad , x \in I \text{ (intervallo)}$$

il *metodo d'integrazione per sostituzione* per calcolare il suo *integrale indefinito*

$$\int f(x) \, dx$$

si basa sulla *proprietà* (3.10') e consiste nel compiere i seguenti *passi*:

1. ricercare una funzione

$$\varphi : x = \varphi(t) \quad , \quad t \in J \text{ (intervallo)}$$

che chiamiamo *funzione cambio*, la quale goda delle seguenti *proprietà*:

(a) si possa costruire la *funzione composta* $f \circ \varphi$, quindi deve risultare $\varphi(J) = I$

(b) sia *derivabile* con *derivata prima continua*

(c) sia invertibile

2. calcolare l'*integrale indefinito*

$$\int f[\varphi(t)]\varphi'(t)\, dt \qquad (3.40)$$

Una volta calcolato tale integrale, la (3.10') ci permette di concludere che l'integrale cercato è:

$$\int f(x)\, dx = \left[\int f[\varphi(t)] \cdot \varphi'(t)\, dt\right]_{t=\varphi^{-1}(x)}.$$

Come è facile convincersi, la difficoltà che si ha nell'utilizzare tale *metodo* consiste nella scelta di una *funzione cambio* φ che ci metta in condizione di calcolare l'*integrale indefinito* (3.40).

Per fissare le idee diamo un *esempio* di utilizzazione del metodo.

Esempio 3.21 *Calcolare l*'integrale indefinito

$$\int \sqrt{1-x^2}\, dx$$

La funzione integranda *è:*

$$f : y = f(x) = \sqrt{1-x^2}\ , x \in I = [-1, 1].$$

§ 3.12 Metodo d'integrazione per sostituzione

Poiché si tratta di una funzione continua, in quanto è "costruita" a partire da funzioni continue, è dotata di (infinite) primitive.

La relazione fondamentale della goniometria *ci suggerisce di scegliere come funzione cambio:*

$$\varphi : x = \varphi(t) = \sin t \quad , t \in J = \left[-\frac{\pi}{2}, \frac{\pi}{2}\right]$$

Vediamo che cosa accade!

$$\left[\int \sqrt{1-x^2}\, dx\right]_{x=\varphi(t)} = \int \sqrt{1-\sin^2 t} \cdot \cos t\, dt =$$

$$= \int \cos^2 t\, dt = \text{per la (3.38)} =$$

$$= \frac{1}{2}(t + \sin t \cdot \cos t) + c$$

Poiché è:

$$\varphi^{-1} : t = \varphi^{-1}(x) = \arcsin x \quad , x \in [-1,1]$$

si ha:

$$\int \sqrt{1-x^2}\, dx = \left[\frac{1}{2}(t + \sin t \cdot \cos t) + c\right]_{t=\varphi^{-1}(x)} =$$

$$= \frac{1}{2}(\arcsin x + x \cdot \sqrt{1-x^2}) + c \quad [7]$$

---

[7]Per il calcolo di $\cos(\arcsin x)$ abbiamo tenuto presente che $\cos t = \pm\sqrt{1 - \sin^2 t}$; da qui segue che:

$$\cos[\arcsin x] = \sqrt{1 - [\sin(arcsinx)]^2} = \sqrt{1-x^2}.$$

La scelta del segno + davanti alla radice è dovuta al fatto che $t \in J = [-\frac{\pi}{2}, \frac{\pi}{2}]$ e quindi è $\cos t > 0$.

Non vogliamo attardarci con altri esempi ma piuttosto ribadire ancora una volta che la difficoltà che s'incontra nell'utilizzare tale *metodo* sta nel fatto che non esiste una "ricetta" da suggerire nella scelta della *funzione cambio*.

Solo l'esperienza ci può dare delle indicazioni!

Tuttavia per facilitare lo Studente in tale difficile lavoro, vogliamo qui elencare alcune *sostituzioni standard* da cui dedurre le "formule" che rappresentano le *leggi d'associazione* delle *funzioni cambio* e delle loro *funzioni inverse*.

Con tali *funzioni cambio* riusciremo a trasformare l'*integrale indefinito*

$$\int f(x)\, dx \qquad (3.41)$$

di alcuni tipi di *funzioni irrazionali o trascendenti*[8] nell'*integrale indefinito*

$$\int f[\varphi(t)] \cdot \varphi'(t)\, dt$$

di *funzioni razionali*.

Questo fatto si esprime dicendo che, con la *sostituzione* adottata, l'*integrale indefinito* (3.41) è *razionalizzabile*.

Non resta allora che dare l'elenco delle predette *sostituzioni* ma prima vogliamo introdurre una *notazione* di cui faremo un largo uso nel seguito.

3.13 Una notazione in uso

La notazione è questa:

$$R[u_1(x), u_2(x), \ldots, u_p(x)] \quad ;$$

---

[8] Una funzione si dice *irrazionale* se la sua *legge d'associazione* é rappresentabile con una "formula" nella quale si operi sulla *variabile*, oltre che con le quattro operazioni di *addizione, sottrazione, moltiplicazione* e *divisione*, anche con l'operazione di *estrazione di radice*.

Una funzione si dice invece *trascendente* se la sua *legge d'associazione* è rappresentabile con una "formula" nella quale si operi sulla *variabile*, oltre che con le *operazioni algebriche* predette, anche con i *simboli*: $\log_a$, sin, cos, tan, cotan, arcsin, arccos, arctan oppure la *variabile* compaia ad esponente.

§ 3.14 Funzioni irrazionali razionalizzabili

con essa vogliamo denotare una *frazione algebrica* di p variabili: $y_1, y_2, \ldots, y_p$ nella quale il ruolo di *ciascuna variabile* è giocato da *una delle quantità* (dipendenti da x): $u_1(x), u_2(x), \ldots, u_p(x)$ che compaiono entro le parentesi quadrate.

Per fissare le idee una frazione così fatta:

$$\frac{\sqrt{x} - \sqrt{x-1}}{\sqrt[3]{x} - 2}$$

con la notazione introdotta, si denota così

$$R[\sqrt{x}, \sqrt{x-1}, \sqrt[3]{x}] \quad ;$$

si tratta infatti di una *frazione algebrica* di tre *variabili*: y_1, y_2, y_3 qualora si riguardino come tali, rispettivamente, le tre *quantità*:

$$u_1(x) = \sqrt{x} \ , \ u_2(x) = \sqrt{x-1} \text{ e } u_3(x) = \sqrt[3]{x}.$$

Ciò premesso, diamo l'*elenco* di alcuni tipi di *funzioni irrazionali* il cui *integrale indefinito* sia *razionalizzabile*.

3.14 Alcuni tipi di funzioni irrazionali ad integrale indefinito razionalizzabile

Ecco l'elenco!

1 - Se la *funzione integranda* è del tipo:

$$f : y = f(x) = R\left[x, \left(\frac{\alpha \cdot x + \beta}{\gamma \cdot x + \delta}\right)^m, \left(\frac{\alpha \cdot x + \beta}{\gamma \cdot x + \delta}\right)^n, \ldots, \left(\frac{\alpha \cdot x + \beta}{\gamma \cdot x + \delta}\right)^p\right],$$
$$x \in I(\text{intervallo}) \quad (3.42)$$

ove:

- $\alpha, \beta, \gamma, \delta$ sono costanti reali con $\quad \alpha \cdot \delta - \gamma \cdot \beta \neq 0 \quad$ [9]

---
[9] Se fosse $\alpha \cdot \delta - \gamma \cdot \beta = 0$ la quantità $\frac{\alpha \cdot x + \beta}{\gamma \cdot x + \delta}$ si ridurrebbe ad una *costante* e quindi la funzione (3.42) sarebbe una comune *funzione razionale*.

− $m, n, \ldots, p$ numeri razionali relativi

allora si usa la *sostituzione*

$$\frac{\alpha \cdot x + \beta}{\gamma \cdot x + \delta} = t^k \tag{3.43}$$

ove k è il *m.c.m.* dei denominatori di $m, n, \ldots, p$.

Dalla (3.43), esplicitando rispettivamente x e t si ricavano le "formule" che rappresentano φ e φ^{-1}.

Per mezzo della *funzione cambio*, ottenuta in questo modo, si *razionalizza* l'integrale indefinito della (3.42).

Spieghiamoci con un esempio.

Esempio 3.22 *La funzione*

$$f : y = f(x) = \frac{1}{\sqrt{x-1} - \sqrt[4]{x-1}}, x \in I \ (\text{intervallo}) \in (1, 2) \cup (2, +\infty)$$

è del tipo (3.42).

Dopo aver scritto infatti la frazione, *che ne rappresenta la* legge d'associazione, *così:*

$$\frac{1}{(x-1)^{\frac{1}{2}} - (x-1)^{\frac{1}{4}}} ,$$

si vede chiaramente che in questo caso è:

$$\frac{\alpha \cdot x + \beta}{\gamma \cdot x + \delta} = x - 1$$

cioè si ha $\alpha = 1, \beta = -1, \gamma = 0$ e $\delta = 1$.

Per quanto riguarda gli esponenti: $m, n, \ldots, p$ *ne abbiamo solo due e sono:* $m = \frac{1}{2}$ *e* $n = \frac{1}{4}$; *da qui segue che è* $k = 4$ *e quindi la* sostituzione *(3.43) in questo caso diviene:*

$$x - 1 = t^4 \quad .$$

Da essa si deduce che è:

$$\begin{aligned} \varphi &: x = \varphi(t) = t^4 + 1 \quad , t \in J \\ \varphi^{-1} &: t = \varphi^{-1}(x) = \sqrt[4]{x-1} \quad , x \in I. \end{aligned}$$

§ 3.14 Funzioni irrazionali razionalizzabili

L'integrale della funzione, già razionalizzato, è:

$$\int \frac{1}{t^2 - t} \cdot (4t^3) \, dt = 4 \cdot \int \frac{t^2}{t-1} \, dt$$

2 - Se la *funzione integranda* è del tipo:

$$f : y = f(x) = x^m \cdot (a + b \cdot x^n)^p \quad , x \in I(\text{intervallo}), \qquad (3.44)$$

ove:

- a e b sono due costanti reali,
- m, n, p sono numeri razionali relativi

il suo *integrale indefinito* si può *razionalizzare* solo nei seguenti tre casi:

A. p è *intero*

B. $\frac{m+1}{n}$ è *intero*

C. $\frac{m+1}{n} + p$ è *intero*.

Nel *caso A.*, usando la *sostituzione*

$$x = t^k \qquad (3.45)$$

ove k è il *m.c.m.* dei denominatori di m e n.

Nel *caso B.*, usando la *sostituzione*

$$a + b \cdot x^n = t^h \qquad (3.46)$$

ove h è il *denominatore* di p.

Nel *caso C.*, usando infine la *sostituzione*:

$$\frac{a + b \cdot x^n}{x^n} = t^h \qquad (3.47)$$

ove h è anche qui il *denominatore* di p.

Anche qui esplicitando x e t dalle *sostituzioni* (3.45), (3.46), (3.47) si ricavano le "formule" che rappresentano, nei tre casi, φ e φ^{-1}.

Per mezzo delle *funzioni cambio*, ottenute in questo modo, si *razionalizza* l'integrale indefinito della (3.44).

Seguendo la via che abbiamo qui indicata, invitiamo lo Studente a verificare che:

$$\int \frac{\sqrt{1+x^2}}{x}\,dx = \sqrt{1+x^2} + \frac{1}{2} \cdot \log \frac{\sqrt{1+x^2}-1}{\sqrt{1+x^2}+1} + c$$

$$\int \frac{1}{x^2 \cdot \sqrt[3]{(1+x^3)^2}}\,dx = -\frac{\sqrt[3]{x^3+1}}{x} + c$$

3 - Se la *funzione integranda* è del tipo:

$$f : y = f(x) = R[x, \sqrt{a \cdot x^2 + b \cdot x + c}] \quad , x \in I(\text{intervallo}) \qquad (3.48)$$

ove:

– a, b, c sono costanti reali tali che la radice abbia un valore reale

allora conviene distinguere quattro casi:

I caso. Se è $a = 0$, la *funzione* (3.48) è del tipo (3.42) e pertanto possiamo calcolare il suo *integrale indefinito* usando la *sostituzione* (3.43) che in questo caso diviene:

$$b \cdot x + c = t^2.$$

II caso. Se è $a > 0$ e $b^2 - 4 \cdot a \cdot c = 0$, la funzione (3.48) è una *funzione razionale* e pertanto sappiamo calcolare il suo *integrale indefinito*.

III caso. Se è $a \neq 0$ e $b^2 - 4 \cdot a \cdot c > 0$ e quindi gli *zeri* α_1 e α_2 del trinomio $a \cdot x^2 + b \cdot x + c$ sono *reali* e *distinti*, possiamo scrivere:

§ 3.14 Funzioni irrazionali razionalizzabili

$$R\left[x, \sqrt{a \cdot x^2 + b \cdot x + c}\right] = R\left[x, \sqrt{a \cdot (x - \alpha_1) \cdot (x - \alpha_2)}\right] =$$
$$= \text{per ogni } x \neq \alpha_1 =$$
$$= R\left[x, \sqrt{\frac{a \cdot (x - \alpha_1)^2 \cdot (x - \alpha_2)}{x - \alpha_1}}\right] =$$
$$= R\left[x, |x - \alpha_1| \cdot \sqrt{\frac{a \cdot (x - \alpha_2)}{x - \alpha_1}}\right]$$

e pertanto la *funzione* (3.48) è ancora del tipo (3.42) e quindi possiamo calcolare il suo *integrale indefinito* usando la *sostituzione* (3.43) che in questo caso diviene:

$$\frac{a \cdot (x - \alpha_2)}{x - \alpha_1} = t^2 \qquad (3.49)$$

IV caso. Se è $a > 0$ e $b^2 - 4 \cdot a \cdot c < 0$ e quindi gli *zeri* del trinomio $a \cdot x^2 + b \cdot x + c$ sono *numeri complessi coniugati*, si può usare una delle *sostituzioni* seguenti:

$$\sqrt{a \cdot x^2 + b \cdot x + c} = \sqrt{a} \cdot x + t \qquad (3.50)$$

oppure

$$\sqrt{a \cdot x^2 + b \cdot x + c} = x \cdot t + \sqrt{c} \qquad {}^{10} \qquad (3.51)$$

Aggiungiamo che le *sostituzioni* (3.50) e (3.51) si possono usare anche nel caso che gli *zeri* del trinomio siano *reali*:

- la (3.50) se è $a > 0$
- la (3.51) se è $c > 0$.

Riassumendo possiamo dire:

---

[10]Dall'essere $a > 0$ segue che è anche $c > 0$; se così non fosse, risulterebbe $b^2 - 4 \cdot a \cdot c > 0$ contro l'ipotesi.

152 Capitolo 3. Tecniche per la ricerca di primitive

- Esclusi i casi particolari I e II, quando gli *zeri* del trinomio sono *numeri reali*, la *sostituzione* (3.49) si può usare indipendentemente dal *segno dei coefficienti* a, b, c.

Se è $a > 0$ e $c < 0$, oltre alla (3.49) si può usare la (3.50).
Se è $a < 0$ e $c > 0$, oltre alla (3.49) si può usare la (3.51).
Se è $a > 0$ e $c > 0$, oltre alla (3.49) si possono usare sia la (3.50) che la (3.51).
Se è infine $a < 0$ e $c < 0$, si può usare solo la (3.49).
Quando invece gli *zeri* del trinomio sono *numeri complessi coniugati*, allora si può usare sia la (3.50) che la (3.51).

Per dar modo allo Studente di verificare se ha ben compreso quanto abbiamo qui detto, gli proponiamo di calcolare l'integrale indefinito:

$$\int \frac{1}{\sqrt{x^2 - 3 \cdot x + 2}} \, dx.$$

Se ragionerà correttamente arriverà al seguente risultato:

$$\int \frac{1}{\sqrt{x^2 - 3 \cdot x + 2}} \, dx = -\log|3 + 2 \cdot \sqrt{x^2 - 3x + 2} - 2 \cdot x| + c$$

4 - Se la *funzione integranda* è del tipo:

$$f : y = f(x) = R[x, \sqrt{a \cdot x + b}, \sqrt{c \cdot x + d}] \quad , x \in I(\text{intervallo}) \quad (3.52)$$

ove:

- a, b, c, d sono costanti reali tali che $a \cdot d - b \cdot c \neq 0$ [11]

allora si usa la *sostituzione*:

$$a \cdot x + b = t^2 (\text{oppure} \quad c \cdot x + d = t^2). \quad (3.53)$$

---

[11]Se fosse $a \cdot d - b \cdot c = 0$, i due radicali $\sqrt{a \cdot x + b}$ e $\sqrt{c \cdot x + d}$ differirebbero per una *costante moltiplicativa* e quindi la (3.52) sarebbe del tipo (3.42).

§ 3.15 Funzioni trascendenti razionalizzabili

Dalla (3.53), esplicitando rispettivamente x e t si ricavano le "formule" che rappresentano φ e φ^{-1}:

$$\varphi \;:\; x = \varphi(t) = \frac{t^2 - b}{a} \;,\; t \in J(\text{intervallo}) \qquad (3.54)$$
$$\varphi^{-1} \;:\; t = \varphi^{-1}(x) = \sqrt{a \cdot x + b} \;,\; x \in I.$$

Utilizzando la *funzione cambio* (3.54) l'*integrale indefinito* della (3.52) si trasforma nell'*integrale indefinito*:

$$\frac{2}{a} \cdot \int R\left[\frac{t^2 - b}{a}, t, \sqrt{\frac{c \cdot t^2 - (a \cdot d - b \cdot c)}{a}}\right] \cdot t \, dt.$$

Poiché la *funzione integranda* in tale integrale è del *tipo 3*, sappiamo come continuare; con una nuova *sostituzione* si arriva quindi a *razionalizzare* l'*integrale indefinito* della (3.52).

Anche qui invitiamo lo Studente a sperimentare il metodo illustrato nel calcolo del seguente *integrale indefinito*:

$$\int \frac{\sqrt{x}}{\sqrt{x+1}+1} \, dx.$$

Occupiamoci ora della *razionalizzazione* degli integrali indefiniti di alcuni tipi di *funzioni trascendenti*.

3.15 Alcuni tipi di funzioni trascendenti ad integrale indefinito razionalizzabile

Ecco l'elenco!

1 - Se la *funzione integranda* è del tipo

$$f : y = f(x) = R[e^{\alpha x}] \text{ (con } \alpha \neq 0) \;,\; x \in I(\text{intervallo}) \qquad (3.55)$$

allora si usa la *sostituzione*
$$e^{\alpha x} = t. \qquad (3.56)$$

Dalla (3.56), esplicitando rispettivamente x e t si ricavano le "formule" che rappresentano φ e φ^{-1}.

Per mezzo della *funzione cambio*, ottenuta in questo modo, si "razionalizza" l'integrale indefinito della (3.55).

Diamo un esempio!

Esempio 3.23 *La funzione*

$$f : y = f(x) = \frac{e^{3 \cdot x} + e^x}{e^{4 \cdot x} + 1} \quad x \in I\,(intervallo) \subset \mathbb{R}$$

è del tipo (3.55).

Dopo aver scritto infatti la frazione*, che ne rappresenta la* legge d'associazione*, così:*

$$\frac{(e^x)^3 + e^x}{(e^x)^4 + 1}$$

si vede chiaramente che la sostituzione *(3.56) diventa:*

$$e^x = t \quad .$$

Da essa si deduce che è:

$$\begin{aligned}\varphi &: \quad x = \varphi(t) = \log t \quad , t \in J \\ \varphi^{-1} &: \quad t = \varphi^{-1}(x) = e^x \quad , x \in I.\end{aligned}$$

L'integrale della funzione, già razionalizzato,*è:*

$$\int \frac{t^3 + t}{t^4 + 1} \cdot \frac{1}{t}\, dt = \int \frac{t^2 + 1}{t^4 + 1}\, dt \quad .$$

2 - Se la *funzione integranda* è del tipo:

$$f : y = f(x) = R\left[e^{\alpha_1 \cdot x}, e^{\alpha_2 \cdot x}, \ldots, e^{\alpha_p \cdot x}\right] \,, x \in I(\text{intervallo}) \qquad (3.57)$$

ove:

− $\alpha_1, \alpha_2, \ldots, \alpha_p$ sono *numeri razionali*

§ 3.15 Funzioni trascendenti razionalizzabili

si usa la *sostituzione*

$$e^x = t^k \tag{3.58}$$

ove k è il *m.c.m.* dei *denominatori* di $\alpha_1, \alpha_2, \ldots, \alpha_p$.

Dalla (3.58), esplicitando rispettivamente x e t, si ricavano le "formule" che rappresentano φ e φ^{-1}.

Per mezzo della *funzione cambio*, ottenuta in questo modo, *si razionalizza* l'integrale indefinito della (3.57).

Diamo un esempio!

Esempio 3.24 *La funzione*

$$y = f(x) = \frac{e^{\frac{x}{2}}}{1 - e^{\frac{x}{3}}} \;,\; x \in I \,(intervallo) \subset (-\infty, 0) \cup (0, +\infty)$$

è del tipo (3.57).

Dopo aver scritto infatti la frazione, che ne rappresenta la legge d'associazione, *così:*

$$\frac{e^{\frac{1}{2} \cdot x}}{1 - e^{\frac{1}{3} \cdot x}}$$

si vede che di numeri $\alpha_1, \alpha_2, \ldots, \alpha_p$ *ne abbiamo solo due:* $\alpha_1 = \frac{1}{2}$ *ed* $\alpha_2 = \frac{1}{3}$; *si ha di conseguenza* $k = 6$ *e la* sostituzione *(3.58) diventa:*

$$e^x = t^6 \quad .$$

Da essa si deduce che è:

$$\begin{aligned} \varphi &: \quad x = \varphi(t) = \log t^6 \quad , t \in J \\ \varphi^{-1} &: \quad t = \varphi^{-1}(x) = \sqrt[6]{e^x} \quad , x \in I. \end{aligned}$$

L'integrale della funzione, già razionalizzato, è:

$$6 \cdot \int \frac{t^3}{1 - t^2} \cdot \frac{1}{t} \, dt = 6 \cdot \int \frac{t^2}{1 - t^2} \, dt \quad .$$

3 - Se la *funzione integranda* è del tipo:

$$f : y = f(x) = R[\cos x, \sin x] \quad , x \in I (\text{intervallo}) \tag{3.59}$$

allora si usa la *sostituzione*

$$\tan \frac{x}{2} = t \quad . \tag{3.60}$$

Dalla (3.60), esplicitando rispettivamente x e t, si ricavano le "formule" che rappresentano φ e φ^{-1}.
Si ha:

$$\varphi \ : \ x = \varphi(t) = 2 \cdot \arctan t \quad , t \in J$$
$$\varphi^{-1} \ : \ t = \varphi^{-1}(x) = \tan \frac{x}{2} \quad , x \in I.$$

Usando tale *funzione cambio*, l'*integrale indefinito* della (3.59) si *trasforma* nel seguente integrale:

$$\int R[\cos(2 \cdot \arctan t), \sin(2 \cdot \arctan t)] \cdot \frac{2}{1+t^2} \, dt \quad . \tag{3.61}$$

Per calcolare $\cos(2 \cdot \arctan t)$ e $\sin(2 \cdot \arctan t)$ basta utilizzare le due "formule"

$$\cos x = \frac{1 - \left(\tan \frac{x}{2}\right)^2}{1 + \left(\tan \frac{x}{2}\right)^2} \quad \text{e} \quad \sin x = \frac{2 \cdot \tan \frac{x}{2}}{1 + \left(\tan \frac{x}{2}\right)^2} \quad \text{[12]}.$$

Si ha infatti:

$$\cos(2 \cdot \arctan t) = \frac{1 - \left(\tan \frac{2 \cdot \arctan t}{2}\right)^2}{1 + \left(\tan \frac{2 \cdot \arctan t}{2}\right)^2} = \frac{1 - t^2}{1 + t^2} \tag{3.62}$$

$$\sin(2 \cdot \arctan t) = \frac{2 \cdot \tan \frac{2 \cdot \arctan t}{2}}{1 + \left(\tan \frac{2 \cdot \arctan t}{2}\right)^2} = \frac{2 \cdot t}{1 + t^2} \tag{3.63}$$

Tenendo presenti le (3.62) e (3.63), l'*integrale* (3.61) diventa:

$$\int R \left[\frac{1-t^2}{1+t^2}, \frac{2 \cdot t}{1+t^2} \right] \cdot \frac{2}{1+t^2} \, dt$$

---

[12] Vedere il libro "Funzioni reali di una variabile reale", *paragrafo* 3.24.

§ 3.15 Funzioni trascendenti razionalizzabili

che è chiaramente l'*integrale di una funzione razionale*.

Anche questa volta invitiamo lo Studente a sperimentare il metodo illustrato nel *calcolo dell'integrale indefinito*:

$$\int \frac{1}{3 \cdot \sin x + 4 \cdot \cos x} \, dx \quad .$$

Se ragionerà correttamente, arriverà al seguente risultato:

$$\int \frac{1}{3 \cdot \sin x + 4 \cdot \cos x} \, dx = \frac{1}{5} \cdot \log \left| \frac{1 + 2 \cdot \tan \frac{x}{2}}{2 - \tan \frac{x}{2}} \right| + c \quad .$$

4 - Se la *funzione integranda* è del tipo:

$$f : y = f(x) = R[\sin x, (\cos x)^2] \cdot \cos x \quad , x \in I(\text{intervallo}) \quad (3.64)$$

allora si usa la *sostituzione*:

$$\sin x = t \quad . \quad (3.65)$$

Dalla (3.65), esplicitando rispettivamente x e t, si ricavano le "formule" che rappresentano φ e φ^{-1}.

Si ha:

$$\varphi \quad : \quad x = \varphi(t) = \arcsin t \quad , t \in J(\text{intervallo}) \subseteq [-1, 1]$$
$$\varphi^{-1} \quad : \quad t = \varphi^{-1}(x) = \sin x \quad , x \in I.$$

Usando tale *funzione cambio*, l'*integrale indefinito* della (3.64) si trasforma nel seguente integrale:

$$\int R[\sin(\arcsin t), (\cos(\arcsin t))^2] \cdot \cos(\arcsin t) \cdot \frac{1}{\sqrt{1 - t^2}} \, dt \quad . \quad (3.66)$$

Poiché:

$$\sin(\arcsin t) = t$$
$$\cos(\arcsin t) = \sqrt{1 - (\sin(\arcsin t))^2} = \sqrt{1 - t^2}$$

l'integrale (3.66) diventa:

$$\int R[t, 1-t^2] \cdot \sqrt{1-t^2} \cdot \frac{1}{\sqrt{1-t^2}}\, dt = \int R[t, 1-t^2]\, dt$$

che è appunto l'*integrale di una funzione razionale*.

5 - Se la *funzione integranda* è invece del tipo

$$f : y = f(x) = R[\cos x,\ (\sin x)^2] \cdot \sin x \quad , x \in I(\text{intervallo}) \qquad (3.67)$$

allora si usa la *sostituzione*:

$$\cos x = t \qquad (3.68)$$

e, ragionando allo stesso modo, si arriva al seguente *integrale*:

$$-\int R[t, 1-t^2]\, dt \quad . \qquad (3.69)$$

6 - Se la *funzione integranda* è del tipo:

$$f : y = f(x) = R[(\sin x)^2, (\cos x)^2, \sin x \cdot \cos x], \quad x \in I(intervallo)\ [13]$$
$$(3.70)$$

allora si usa la *sostituzione*:

$$\tan x = t \quad . \qquad (3.71)$$

Dalla (3.71), esplicitando rispettivamente x e t, si ricavano le "formule" che rappresentano φ e φ^{-1}.

---

[13]Rientrano in tale tipo di *funzioni integrande* anche quelle la cui *legge d'associazione* è rappresentata da una *frazione del tipo*: $R[\tan x]$ oppure $R[\cotan x]$.
Basta infatti tener presente che possiamo scrivere:

$$\tan x = \frac{(\sin x)^2}{\sin x \cdot \cos x} \quad e \quad \cotan x = \frac{(\cos x)^2}{\sin x \cdot \cos x} \quad .$$

§ 3.15 Funzioni trascendenti razionalizzabili

Si ha:
$$\varphi \;:\; x = \varphi(t) = \arctan t \;, t \in J$$
$$\varphi^{-1} \;:\; t = \varphi^{-1}(x) = \tan x \;, x \in I.$$

Usando tale *funzione cambio*, l'*integrale indefinito* della (3.70) si trasforma nel seguente *integrale*:

$$\int R[(\sin(\arctan t))^2, (\cos(\arctan t))^2, \sin(\arctan t)\cdot\cos(\arctan t)]\cdot\frac{1}{1+t^2}\,dt. \qquad(3.72)$$

Tenendo presente che:

$$(\sin x)^2 = \frac{(\tan x)^2}{1+(\tan x)^2} \;,\; (\cos x)^2 = \frac{1}{1+(\tan x)^2} \;,\; \sin x \cdot \cos x = \frac{\tan x}{1+(\tan x)^2}$$

l'integrale (3.72) diventa:

$$\int R\left[\frac{t^2}{1+t^2},\frac{1}{1+t^2},\frac{t}{1+t^2}\right]\cdot\frac{1}{1+t^2}\,dt$$

che è appunto l'*integrale di una funzione razionale*.

Per prendere mano con tale tipo di sostituzione, proponiamo di verificare i seguenti risultati:

$$a) \quad \int \frac{(\sin x)^2}{4-(\cos x)^2}\,dx = -\frac{\sqrt{3}}{2}\cdot\arctan\frac{2\cdot\tan x}{\sqrt{3}} + x + c$$

$$b) \quad \int \frac{1-(\tan x)^2}{1+\tan x + (\tan x)^2}\,dx = \log|1+\cos x \cdot \sin x| + c$$

Qui terminiamo i nostri discorsi circa le *tecniche di ricerca delle primitive* augurandoci di essere stati comprensibili.

Diciamo ora due parole circa l'impiego del *metodo di sostituzione* nel calcolo dell'*integrale definito*.

3.16 Metodo di sostituzione nel calcolo degli integrali definiti

L'*integrale definito* di una funzione, oltre alle *proprietà* che abbiamo enunciato nel *paragrafo* 2.10, ha anche quest'altra *proprietà*, espressa dal seguente *teorema*:

Teorema 3.1 *Date due funzioni:*

$$f : y = f(x) \quad, x \in I \text{ (intervallo)}$$

e

$$\varphi : x = \varphi(t) \quad, t \in J \text{ (intervallo)}$$

se:

1. *f é continua*

2. *φ è derivabile con derivata continua*

3. *$\varphi(J) = I$, cioè si può costruire la funzione composta:*

$$f \circ \varphi : y = (f \circ \varphi)(t) = f[\varphi(t)] \quad, t \in J$$

allora

comunque si fissino due punti t_1 e t_2 in J, detti $\varphi(t_1)$ e $\varphi(t_2)$ i punti di I ad essi corrispondenti secondo φ, si ha:

$$\int_{\varphi(t_1)}^{\varphi(t_2)} f(x) \, dx = \int_{t_1}^{t_2} f[\varphi(t)] \cdot \varphi'(t) \, dt \qquad (3.73)$$

Dimostrazione
Dal fatto che

$$F : y = F(x) \quad, x \in I \text{(intervallo)}$$

sia *primitiva* di

$$f : y = f(x) \quad, x \in I$$

seguono due cose:

§ 3.16 *Metodo di sostituzione negli integrali definiti*   161

a) per il *teorema fondamentale del calcolo integrale* (*teorema* 2.19) si ha:

$$\int_{\varphi(t_1)}^{\varphi(t_2)} f(x)\, dx = F[\varphi(t_2)] - F[\varphi(t_1)] \qquad (3.74)$$

b) per il *teorema di derivazione delle funzioni composte*, la funzione:

$$F \circ \varphi : y = (F \circ \varphi)(t) = F[\varphi(t)] \quad , t \in J$$

è *primitiva* della funzione

$$(f \circ \varphi) \cdot \varphi' : y = [(f \circ \varphi) \cdot \varphi'](t) = f[\varphi(t)] \cdot \varphi'(t) \quad , t \in J$$

e quindi, sempre per il *teorema fondamentale del calcolo integrale* (*teorema* 2.19), si ha:

$$\int_{t_1}^{t_2} f[\varphi(t)] \cdot \varphi'(t)\, dt = F[\varphi(t_2)] - F[\varphi(t_1)] \qquad (3.75)$$

essendo allora uguali i secondi membri della (3.74) e (3.75), lo sono anche i primi e pertanto la (3.73) è dimostrata. **c.v.d.**

Questo *teorema* in sostanza ci dice:

– se dobbiamo calcolare l'*integrale definito*

$$\int_a^b f(x)\, dx \qquad (3.76)$$

e ci accorgiamo che per trovare una *primitiva* della *funzione integranda* occorre ricorrere al *metodo di sostituzione*, dopo aver individuato una *funzione cambio* φ, basta calcolare l'integrale

$$\int_{t_1}^{t_2} f[\varphi(t)] \cdot \varphi'(t)\, dt \qquad (3.77)$$

ove t_1 e t_2 sono due *punti* di J (dominio della *funzione cambio*) tali che risulti

$$\varphi(t_1) = a \qquad \text{e} \qquad \varphi(t_2) = b \quad .$$

Come si vede l'uso di tale *teorema* ci fa risparmiare lavoro in quanto una volta calcolato l'*integrale indefinito*

$$\int f[\varphi(t)] \cdot \varphi'(t)\, dt$$

utilizziamo subito il risultato per il *calcolo dell'integrale definito* (3.77) senza dover calcolare

$$\left[\int f[\varphi(t)] \cdot \varphi'(t)\, dt\right]_{t=\varphi^{-1}(x)}$$

per trovare una *primitiva* della *f* da utilizzare per il calcolo dell'integrale (3.76).

L'uso del *teorema* 3.1 comporta poi che la *funzione cambio* φ non deve necessariamente essere dotata di *funzione inversa* φ^{-1} perché di quest'ultima non se ne fa uso.

Nel libro "Esercizi di calcolo degli integrali e studio delle funzioni integrali", faremo molti esercizi sull'argomento per prendere mano con esso.

Ciò che invece vogliamo ora fare è un commento alla *teoria dell'integrazione di Riemann* che abbiamo terminato di esporre.

3.17 Commento alla teoria dell'integrazione di Riemann

La *teoria dell'integrazione di Riemann* è pregevole per la sua semplicità, però ha la grave limitazione di fissare una *famiglia di funzioni* "troppo ristretta" anche per le esigenze più comuni del calcolo.

Ricordiamo infatti che, nell'esporla, abbiamo preso inizialmente in considerazione la *famiglia* $\mathfrak{F}_R$ di *funzioni* che:

1. hanno per *dominio* un intervallo *chiuso* e *limitato* $[a, b]$

2. sono *limitate* cioè è *limitato* il loro *codominio*.

§ 3.17 Commento alla teoria di Riemann

Nel *paragrafo* 2.7 abbiamo fatto un *ampliamento* di essa.

Con l'ampliamento effettuato, la *nuova famiglia* $\mathfrak{F}_R$ è costituita da tutte le funzioni
$$f : y = f(x) \quad , \quad x \in A \subset \mathbb{R}$$
che verificano le *seguenti condizioni*:

1. sono limitate

2. l'*insieme* $S = \partial A - A$ è un insieme J-misura nulla

3. $A \cup S = [a, b]$ (intervallo chiuso e limitato)

La nuova *famiglia* $\mathfrak{F}_R$ non è suscettibile di alcun ulteriore *ampliamento* perché non si può rinunciare né alla *limitatezza* del *dominio* né a quella del *codominio* delle funzioni che di essa fanno parte, altrimenti non si può ad esse applicare il "procedimento" usato da Riemann.

Un completo superamento di questa limitazione si ha con la *teoria dell'integrazione di Lebesgue* ma non possiamo qui esporla essendo il libro destinato agli Studenti del 1° corso di Analisi Matematica.

Poiché la maggior parte delle funzioni che interessano le applicazioni sono *funzioni generalmente continue*, ci limiteremo ad esporre una *teoria dell'integrazione* che fissa come *famiglia di funzioni* quella costituita da queste ultime.

Questo è ciò che faremo nel prossimo Capitolo.

Capitolo 4

Teoria dell'integrazione per funzioni reali di una variabile reale generalmente continue

In questo ultimo capitolo vogliamo esporre la *teoria dell'integrazione per le funzioni reali di una variabile reale generalmente continue*.

Prima di iniziarne la lettura consigliamo vivamente allo Studente di fissare bene i *concetti* trattati nei *paragrafi* 1.16, 1.17, 1.18 e le *considerazioni* che abbiamo fatto su di essi.

4.1 Relazione tra le famiglie di funzioni $\mathfrak{F}_R$ e $\mathfrak{F}_G$

Nel *paragrafo* 2.1 abbiamo detto che per fare una *teoria dell'integrazione* occorre:

1. fissare una *famiglia di funzioni*

2. dare un *"procedimento"* mediante il quale si cerca di associare ad *ogni funzione* della *famiglia fissata* un *numero* oppure $\pm\infty$ cioè un *elemento* di $\widetilde{\mathbb{R}} = [-\infty, +\infty]$ che chiamiamo *integrale della funzione*.

Capitolo 4. Integrazione di funzioni generalmente continue

Ogni funzione della famiglia alla quale il "procedimento" riesce ad associare tale *elemento* viene detta *funzione integrabile*.

Nella *teoria* che vogliamo costruire la *famiglia* è quella delle *funzioni generalmente continue* che abbiamo denotato con il *simbolo* $\mathfrak{F}_G$ mentre quella fissata da Riemann, con il *simbolo* $\mathfrak{F}_R$.

Prima di dare il "procedimento" osserviamo che le *famiglie* $\mathfrak{F}_G$ e $\mathfrak{F}_R$ hanno *elementi comuni*, cioè:

$$\mathfrak{F}_G \cap \mathfrak{F}_R \neq \emptyset \qquad (4.1)$$

Appartengono infatti ad entrambe le *famiglie* $\mathfrak{F}_G$ e $\mathfrak{F}_R$:

- tutte le *funzioni continue* aventi per *dominio A* un *intervallo chiuso e limitato* $[a, b]$:

$$A = [a, b]$$

- tutte le *funzioni generalmente continue* e *limitate* aventi per *dominio A* un *insieme limitato* tale che, detto E^f l'*insieme finito* dei *punti singolari* (per la funzione), risulti:

$$A \cup E^f = [a, b] \quad [1]$$

Il fatto che l'insieme (4.1) non sia vuoto e che tutti gli *elementi* di esso siano *funzioni integrabili secondo Riemann*, ci induce a scegliere un "*procedimento*" tale che *ogni funzione*, elemento dell'insieme (4.1):

a. sia *integrabile* anche *secondo la teoria* che vogliamo costruire

b. l'*integrale* che le associa il "procedimento" adottato nella *nuova teoria* abbia lo stesso valore che le associa il "*procedimento*" usato nella *teoria dell'integrazione di Riemann*

c. gli *integrali* della *nuova teoria* godano delle stesse *proprietà* di quelli della *teoria dell'integrazione di Riemann*

---

[1] Da quanto abbiamo detto nel *paragrafo* 1.18, tutti i punti di E^f appartengono ad A se quest'ultimo è un *insieme chiuso*. Se A non è un *insieme chiuso* almeno uno dei punti di E^f appartiene a $\partial A - A$.

§ 4.2 Linea programmatica del procedimento di associazione

Tale vincolo per la scelta del "procedimento di associazione", assicura che tutte le *funzioni* dell'insieme (4.1) siano *integrabili* anche secondo la *nuova teoria dell'integrazione* ed evita che *qualche funzione* di tale insieme abbia *due integrali distinti* nelle *due teorie*.

Ciò premesso diciamo come è strutturato il presente Capitolo:

1. Esporremo il "procedimento di associazione" della nuova *teoria dell'integrazione*.

2. Enunceremo un *teorema* il quale assicura che *ogni funzione* dell'*insieme* (4.1) é *integrabile* anche secondo la nuova *teoria dell'integrazione* e l'*integrale* che le viene associato (dal "procedimento" di quest'ultima) è uguale a quello che le viene associato dal "procedimento" della *teoria di Riemann*.

Esponiamo allora il *procedimento d'associazione* cominciando con il dire quale sarà la linea programmatica dell'esposizione.

4.2 Linea programmatica dell'esposizione del procedimento di associazione

Affinché il nostro discorso risulti "il più comprensibile possibile" diciamo subito quale sarà l'ordine di idee che seguiremo nell'esposizione del "procedimento di associazione":

1. Suddivideremo la *famiglia* $\mathfrak{F}_G$ delle *funzioni generalmente continue* in tre *sottofamiglie*:

    - la *sottofamiglia* costituita dalle funzioni *a valori non negativi*
    - la *sottofamiglia* costituita dalle funzioni *a valori non positivi*
    - la *sottofamiglia* costituita dalle funzioni *a valori di segno qualunque*

2. Costruiremo il "procedimento di associazione" per le funzioni della *prima sottofamiglia* citata.

168   *Capitolo 4. Integrazione di funzioni generalmente continue*

Per costruire quest'ultimo, ci serviremo dell'*integrale di Riemann* delle *funzioni continue* aventi per *dominio* un *intervallo chiuso e limitato* $[a, b]$. [2]

3. Costruiremo il "procedimento di associazione" per le funzioni della *seconda* e della *terza* delle *sottofamiglie* citate. In tale costruzione utilizzeremo l'*integrale delle funzioni generalmente continue a valori non negativi* definito nel punto 2.

Ora che abbiamo detto quale sarà la linea del nostro discorso, seguiamola!

4.3 "Procedimento di associazione" per le funzioni della prima sottofamiglia di $\mathfrak{F}_G$

Ogni funzione
$$f : y = f(x) \quad , x \in A \subseteq \mathbb{R} \subset \widetilde{\mathbb{R}} \tag{4.2}$$
della *prima sottofamiglia* di $\mathfrak{F}_G$ è a *valori non negativi*.

Per quanto riguarda il suo *dominio* A, quest'ultimo può essere un *insieme limitato* oppure *no* ed essendo poi *dominio* di una *funzione generalmente continua*, come abbiamo visto nel *paragrafo* 1.16, o è un *intervallo* o un'*unione di intervalli*.

La sua *chiusura* $\overline{A}$, come abbiamo detto nel *paragrafo* 1.16, è in ogni caso un *intervallo chiuso, limitato* o *illimitato*.

Per fissare le idee disegniamo il *diagramma cartesiano* di una delle *funzioni* (4.2):

---

[2]Questo modo di procedere non è nuovo in Matematica. Nel *paragrafo* 1.12 abbiamo visto che *Lebesgue*, nel costruire la *sua teoria della misura*, si serve di *due concetti* della *teoria della misura di Peano-Jordan*:

– quello di *misura esterna* di un *insieme chiuso e limitato*

– quello di *misura interna* di un *insieme aperto e limitato*.

§ 4.3 Procedimento per la prima sottofamiglia di $\mathfrak{F}_G$

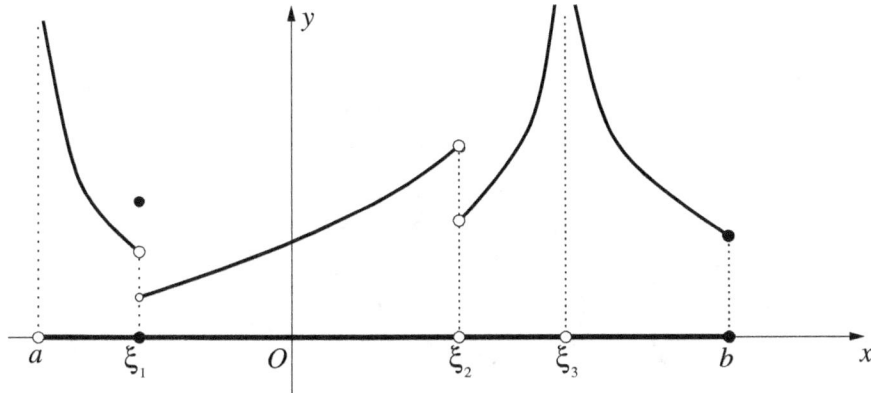

Figura 4.1

Anche in questo caso, come abbiamo fatto per le *funzioni a valori non negativi* di $\mathfrak{F}_R$, consideriamo l'insieme

$$U^f = \left\{(x,y) \in \mathbb{R}^2 : x \in A \; ; \; 0 \leq y \leq f(x)\right\} \quad {}^3;$$

che chiamiamo *rettangoloide generalizzato relativo alla funzione* f:

---

[3]Anche per le *funzioni* f *generalmente continue a valori non positivi* si parla di *rettangoloide generalizzato ad esse relativo*; si tratta dell'*insieme*

$$U^f = \left\{(x,y) \in \mathbb{R}^2 : x \in A \; ; \; f(x) \leq y \leq 0\right\}.$$

Quest'ultimo è rappresentato da una *regione del piano cartesiano* che si trova nel *semipiano* delle y *negative*.

I *rettangoloidi generalizzati* relativi alle *funzioni* f e $-f$ sono *simmetrici* rispetto all'*asse delle* x.

Capitolo 4. Integrazione di funzioni generalmente continue

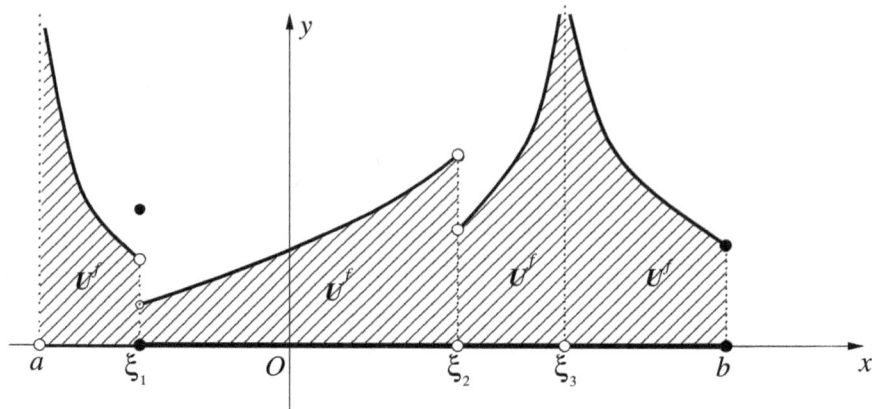

Figura 4.2

Nelle ipotesi poste é facile convincersi che è possibile *in infiniti modi* fissare un *numero finito* di m *intervalli*:

$$[a_1, b_1], [a_2, b_2], \ldots, [a_m, b_m] \qquad (4.3)$$

contenuti in A, a due a due privi di di *punti interni comuni* ai quali non appartenga alcun *punto singolare* per f.

Le m *restrizioni* di f aventi per *domini* tali *intervalli*, essendo *continue*, sono *integrabili secondo Riemann* ed i loro *integrali* (secondo Riemann)

$$\int_{[a_1,b_1]} f(x)dx \ , \ \int_{[a_2,b_2]} f(x)dx \ , \ldots, \ \int_{[a_m,b_m]} f(x)dx \qquad (4.4)$$

sono le *aree* dei *rettangoloidi* $U_1, U_2, \ldots, U_m$ ad essi relative e quindi sono *numeri maggiori o uguali a zero*.

Se, con gli m *intervalli* (4.3) fissati, costruiamo il *plurintervallo*

$$P = [a_1, b_1] \cup [a_2, b_2] \cup \ldots \cup [a_m, b_m] \ ,$$

ad esso non appartiene alcun *punto singolare* per f e pertanto la *restrizione* della funzione (4.2) avente per *dominio* P:

$$f : y = f(x) \ , \ x \in P = [a_1, b_1] \cup [a_2, b_2] \cup \ldots \cup [a_m, b_m] \qquad (4.5)$$

§ 4.3 Procedimento per la prima sottofamiglia di $\mathfrak{F}_G$ 171

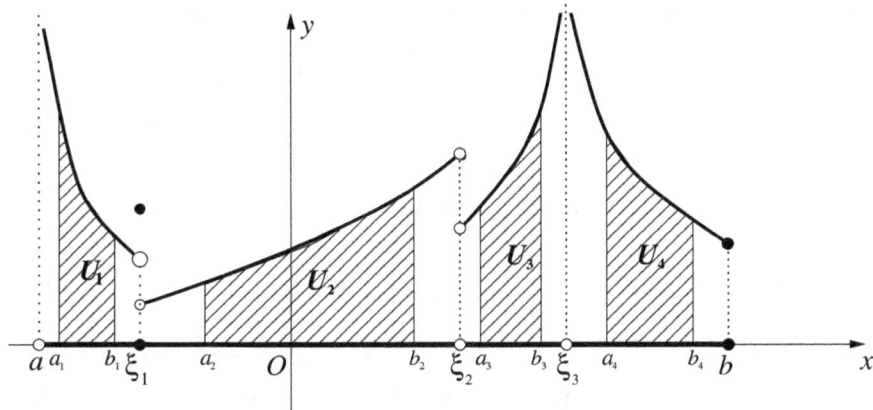

Figura 4.3

é una *funzione continua* e quindi viene naturale definire come *integrale* di essa, la *somma degli integrali* (4.4).

Poniamo allora per definizione:

$$\int_P f(x)dx = \int_{[a_1,b_1]} f(x)dx + \int_{[a_2,b_2]} f(x)dx + \cdots + \int_{[a_m,b_m]} f(x)dx \quad (4.6)$$

L'*integrale*, che abbiamo definito, è un *numero non negativo* che rappresenta la *somma* delle *aree* dei *rettangoloidi* $U_1, U_2, \ldots, U_m$.

Poiché gli *intervalli* (4.3) si possono fissare in *infiniti modi* è evidente che di *plurintervalli* P se ne possono costruire *infiniti*.

Detta Φ la *famiglia* da essi costituita, al variare di P in Φ, l'*integrale* (4.6) descrive un *insieme numerico* I:

$$I = \left\{ \int_P f(x)dx \right\}_{P \in \Phi}$$

di *numeri non negativi*.

Siccome l'*insieme unione*

$$U_1 \cup U_2 \cup \ldots \cup U_m$$

172   *Capitolo 4. Integrazione di funzioni generalmente continue*

dei *rettangoloidi* è contenuto nel *rettangoloide generalizzato* U, se vogliamo attribuire all'*integrale* che stiamo definendo il *significato di area* di U, dobbiamo riguardare l'integrale (4.6), qualunque sia $P \in \Phi$, come un *valore approssimato per difetto dell'area di* U, quindi dell'*integrale* che vogliamo definire.

Dal fatto poi che comunque si prendano in Φ due *plurintervalli* P e P' se è:
$$P \subset P' \quad \text{allora} \quad \int_P f(x)dx \leq \int_{P'} f(x)dx \qquad (4.7)$$
siamo indotti a definire l'*integrale della funzione generalmente continua* (4.2) come l'*estremo superiore* dell'*insieme I*, cioè a porre *per definizione*
$$\int_{\overline{A}} f(x)dx = \sup\left\{\int_P f(x)dx\right\}_{P \in \Phi} = \sup I \qquad (4.8)$$

Poiché l'*insieme I*, *limitato o illimitato* che sia, è in ogni caso dotato di *estremo superiore* che è rispettivamente un *numero* o $+\infty$, possiamo concludere:

– **Ogni funzione**
$$f : y = f(x) \quad , \quad x \in A \subseteq \mathbb{R} \subset \widetilde{\mathbb{R}}$$
a valori non negativi **della *famiglia* $\mathfrak{F}_G$ è integrabile.**

Il suo *integrale*, che denotiamo con il simbolo
$$\int_{\overline{A}} f(x)dx \qquad (4.9)$$

è un *numero* o $+\infty$.

Se è un *numero*, si dice che la funzione è *ad integrale convergente* o che è *sommabile*.

Il *rettangoloide generalizzato*, ad essa relativo, ha *area finita* e l'*integrale* ne è il valore.

Se è invece $+\infty$, si dice che la funzione è *ad integrale divergente* e che il *rettangoloide generalizzato*, ad essa relativo, ha *area infinita*.

§ 4.4 Il limite come strumento per il calcolo integrale

Con questo abbiamo terminato con la costruzione del "procedimento d'associazione" per le *funzioni della prima sottofamiglia* di $\mathfrak{F}_G$, cioè per le *funzioni generalmente continue a valori non negativi*.

A questo punto si potrebbe passare a costruire il "procedimento d'associazione" per le *funzioni della seconda e terza sottofamiglia* di $\mathfrak{F}_G$ cioè per le *funzioni generalmente continue* a *valori non positivi* e per quelle a valori *di segno qualunque*.

Però, poiché come abbiamo detto nel punto 3. della linea programmatica, per fare ciò utilizzeremo l'*integrale delle funzioni a valori non negativi*, per rendere meno astratto il nostro discorso, prima di proseguire, mettiamo a punto la tecnica di calcolo dell'*integrale* (4.9), mostriamone l'uso in alcuni esempi e diciamo quali sono le sue *proprietà*.

4.4 L'operazione di limite come strumento di calcolo degli integrali

La (4.7) oltre ad averci indotto a definire l'*integrale di una funzione generalmente continua a valori non negativi* come l'*estremo superiore* dell'insieme

$$\left\{ \int_P f(x)dx \right\}_{P \in \Phi},$$

cioè a porre *per definizione*:

$$\int_{\overline{A}} f(x)dx = \sup \left\{ \int_P f(x)dx \right\}_{P \in \Phi},$$

ci suggerisce anche il modo di calcolarlo.

Vediamo perché!

Se fissiamo una *qualsiasi successione* di *plurintervalli* $\{\overline{P}_n\}$ invadente *l'insieme* $A - E^f$, cioè tale che

$$\lim_{n \to +\infty} \overline{P}_n = A - E^f$$

e costruiamo la *successione* di integrali

$$\left\{ \int_{\overline{P}_n} f(x)dx \right\},$$

per la (4.7) quest'ultima è *monotòna non decrescente* e quindi ha il *limite* che, per il "teorema delle successioni monotòne"[4] è l'*estremo superiore* del suo codominio:

$$\lim_{n \to +\infty} \int_{\overline{P}_n} f(x)dx = \sup \left\{ \int_{\overline{P}_n} f(x)dx \right\}.$$

Il fatto poi che la *successione* $\{\overline{P}_n\}$ fissata sia *invadente l'insieme* $A - E^f$, ci fa sembrare ragionevole pensare che sia:

$$\sup \left\{ \int_{\overline{P}_n} f(x)dx \right\} = \sup \left\{ \int_P f(x)dx \right\}_{P \in \Phi}$$

e quindi fare la congettura che sia:

$$\lim_{n \to +\infty} \int_{\overline{P}_n} f(x)dx = \int_{\overline{A}} f(x)dx \qquad (4.10)$$

Che tale congettura sia vera ce lo assicura il seguente *teorema* la cui dimostrazione viene lasciata allo Studente:

Teorema 4.1 *Data una* funzione f generalmente continua *in un* intervallo $\overline{A}$ limitato o illimitato *ed a* valori non negativi, sia E^f l'insieme dei suoi punti singolari.

Comunque si fissi una successione $\{\overline{P}_n\}$ di plurintervalli invadente l'insieme $A - E^f$, risulta

$$\lim_{n \to +\infty} \int_{\overline{P}_n} f(x)dx = \int_{\overline{A}} f(x)dx \qquad (4.10)$$

Vi è poi quest'altro *teorema* che generalizza quello ora enunciato e che è molto comodo nelle dimostrazioni di alcuni teoremi.

Teorema 4.2 *Data una* funzione f generalmente continua *in un* intervallo $\overline{A}$ limitato o illimitato *ed a* valori non negativi, sia E^f l'insieme dei suoi punti singolari.

Comunque si fissino:

---
[4] Vedere "Successioni e serie numeriche", *paragrafo* 1.9.

§ 4.5 Integrali di funzioni generalmente continue non negative

- *un insieme S privo di punti d'accumulazione, contenente $E^f : E^f \subset S$ e tale che $A \cup S = \overline{A}$*

- *una* successione $\{\overline{P}'_n\}$ *di plurintervalli invadente $A - S$, cioè tale che:*
$$\lim_{n \to +\infty} \overline{P}'_n = A - S$$

risulta:
$$\lim_{n \to +\infty} \int_{\overline{P}'_n} f(x)dx = \int_{\overline{A}} f(x)dx$$

Neanche di questo *teorema* diamo la *dimostrazione*.

L'unica cosa che vogliamo osservare è che se nell'*insieme* dei *punti singolari* per la funzione è stato incluso qualche *punto di continuità* per la stessa, questo fatto non altera il *valore dell'integrale* e quindi non c'è da preoccuparsi.

Per assimilare la tecnica esposta, diamo alcuni *esempi* di *calcolo di integrali* di *funzioni generalmente continue a valori non negativi*.

4.5 Esempi di funzioni generalmente continue a valori non negativi e calcolo di loro integrali

Esempio 4.1 *La funzione*

$$f : y = f(x) = \frac{1}{\sqrt{1-x^2}} \quad , \quad x \in A = (-1, 1)$$

ha due **punti singolari:** -1 *e* 1 *e quindi* $E^f = \{-1, 1\}$; *è a* valori positivi *e generalmente continua in* $\overline{A} = A \cup E^f = [-1, 1]$.

Per il calcolo di

$$\int_{\overline{A}} f(x)dx = \int_{[-1,1]} \frac{1}{\sqrt{1-x^2}}dx = \int_{-1}^{1} \frac{1}{\sqrt{1-x^2}}dx$$

prendiamo come successione di plurintervalli *invadente* $A - E^f = (-1, 1)$:

$$\{\overline{P_n}\} = \left\{\left[-1 + \frac{1}{n},\ 1 - \frac{1}{n}\right]\right\}$$

Si ha allora:

$$\begin{aligned}
\int_{[-1,1]} \frac{1}{\sqrt{1-x^2}} dx &= \int_{-1}^{1} \frac{1}{\sqrt{1-x^2}} dx = \lim_{n \to +\infty} \int_{-1+\frac{1}{n}}^{1-\frac{1}{n}} \frac{1}{\sqrt{1-x^2}} = \\
&= \lim_{n \to +\infty} [\arcsin x]_{-1+\frac{1}{n}}^{1-\frac{1}{n}} = \\
&= \lim_{n \to +\infty} \left[\arcsin\left(1 - \frac{1}{n}\right) - \arcsin\left(-1 + \frac{1}{n}\right)\right] = \\
&= \arcsin 1 - \arcsin(-1) = \frac{\pi}{2} - \left(-\frac{\pi}{2}\right) = \pi.
\end{aligned}$$

Conclusione:
La funzione assegnata è sommabile *in* $[-1, 1]$; *il* rettangoloide generalizzato U^f *ad essa relativo è:*

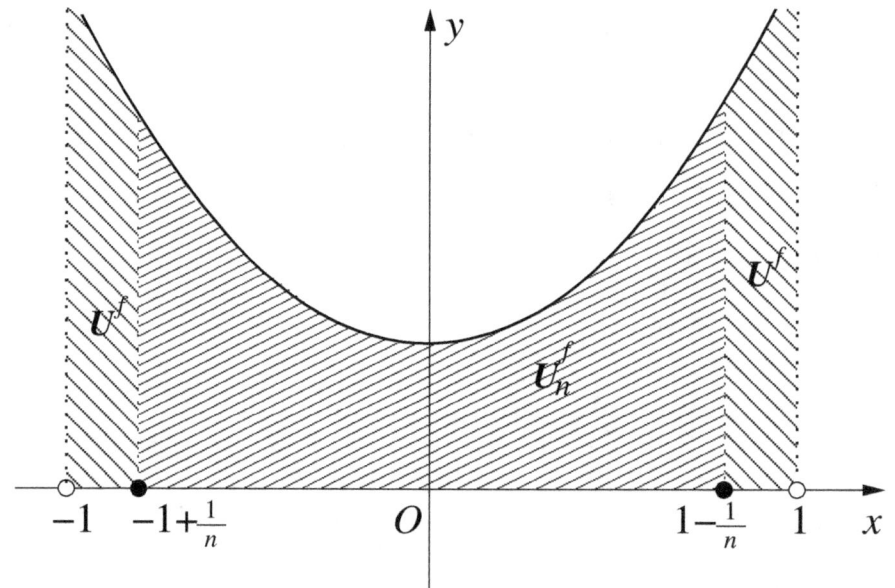

Figura 4.4

L'area di quest'ultimo è: area $U^f = \pi$.

§ 4.5 Integrali di funzioni generalmente continue non negative

Esempio 4.2 *La funzione*

$$f : y = f(x) = \frac{1}{e^x - 1} \quad , \quad x \in A = (0, 1]$$

ha un solo punto singolare: 0 e quindi $E^f = \{0\}$; è a valori positivi e generalmente continua in $\overline{A} = A \cup E^f = [0, 1]$.

Per il calcolo di

$$\int_{\overline{A}} f(x)dx = \int_{[0,1]} \frac{1}{e^x - 1} dx = \int_0^1 \frac{1}{e^x - 1} dx$$

prendiamo come successione di plurintervalli invadente $A - E^f = (0, 1]$:

$$\{\overline{P}_n\} = \left\{ \left[\frac{1}{n}, 1\right] \right\}.$$

Si ha allora

$$\begin{aligned}
\int_{[0,1]} \frac{1}{e^x - 1} dx &= \int_0^1 \frac{1}{e^x - 1} dx = \lim_{n \to +\infty} \int_{\frac{1}{n}}^1 \frac{1}{e^x - 1} dx = \\
&= \lim_{n \to +\infty} \left[\log\left(1 - e^{-x}\right)\right]_{\frac{1}{n}}^1 = \\
&= \lim_{n \to +\infty} \left[\log\left(1 - e^{-1}\right) - \log\left(1 - e^{-\frac{1}{n}}\right)\right] = \\
&= \log\left(1 - e^{-1}\right) - (-\infty) = +\infty
\end{aligned}$$

Conclusione:

La funzione assegnata non *è sommabile in $[0,1]$ ma* è ad *integrale divergente a $+\infty$; il rettangoloide generalizzato U^f ad essa relativo è:*

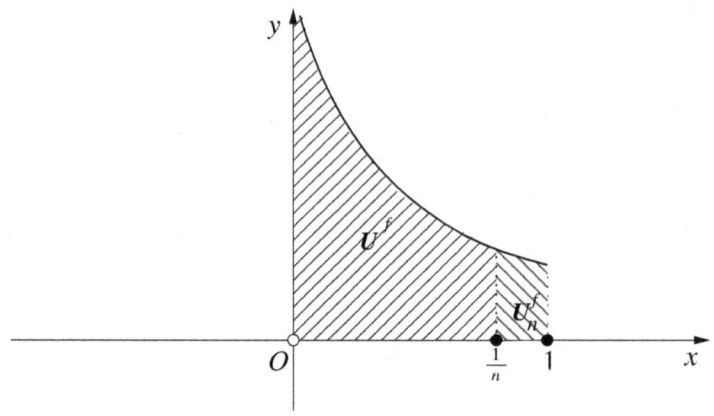

Figura 4.5

L'area di quest'ultimo è: area $U^f = +\infty$.

Esempio 4.3 *La funzione*

$$f : y = f(x) = e^{-x} \quad , \quad x \in A = [0, +\infty)$$

ha un solo *punto singolare:* $+\infty$ *e quindi* $E^f = \{+\infty\}$; *è a valori positivi e generalmente continua in* $\overline{A} = A \cup E^f = [0, +\infty]$.

Per il calcolo di

$$\int_{\overline{A}} f(x)dx = \int_{[0,+\infty]} e^{-x}dx = \int_0^{+\infty} e^{-x}dx$$

prendiamo come successione di plurintervalli *invadente* $A - E^f = [0, +\infty)$:

$$\{\overline{P}_n\} = \{[0, n]\}.$$

Si ha allora:

$$\begin{aligned}
\int_{[0,+\infty]} e^{-x}dx &= \int_0^{+\infty} e^{-x}dx = \lim_{n \to +\infty} \int_0^n e^{-x}dx = \lim_{n \to +\infty} \left[-e^{-x}\right]_0^n = \\
&= \lim_{n \to +\infty} \left[-e^{-n} - (-1)\right] = \lim_{n \to +\infty} \left[-e^{-n} + 1\right] = 1
\end{aligned}$$

Conclusione:

§ 4.5 Integrali di funzioni generalmente continue non negative

La funzione assegnata è sommabile in $[0, +\infty]$; *il rettangoloide generalizzato* U^f *ad essa relativo è:*

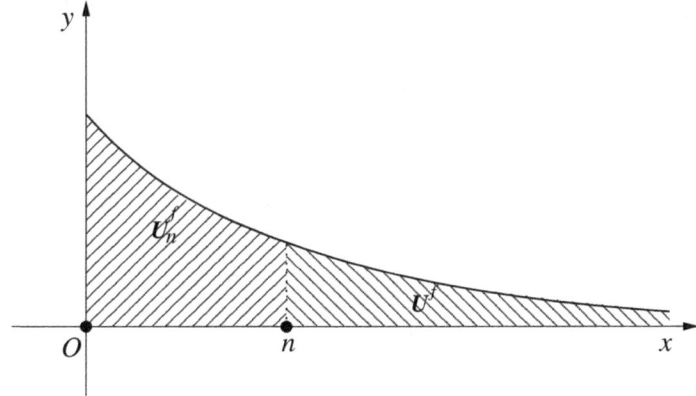

Figura 4.6

L'area di quest'ultimo è: area $U^f = 1$.

Esempio 4.4 *La funzione*

$$f : y = f(x) = \frac{1}{x^2 + 1} \quad , \quad x \in A = (-\infty, +\infty)$$

ha come punti singolari: $-\infty$ *e* $+\infty$ *e quindi* $E^f = \{-\infty, +\infty\}$; *è a valori positivi e generalmente continua in* $\overline{A} = A \cup E^f = [-\infty, +\infty]$.

Per il calcolo di

$$\int_{\overline{A}} f(x)dx = \int_{[-\infty,+\infty]} \frac{1}{x^2+1} dx = \int_{-\infty}^{+\infty} \frac{1}{x^2+1} dx$$

prendiamo come successione di plurintervalli *invadente* $A - E^f = (-\infty, +\infty)$:

$$\{\overline{P}_n\} = \{[-n, n]\}.$$

Si ha allora:

$$\int_{[-\infty,+\infty]} \frac{1}{x^2+1}dx = \int_{-\infty}^{+\infty} \frac{1}{x^2+1}dx = \lim_{n\to+\infty}\int_{-n}^{n} \frac{1}{x^2+1}dx =$$
$$= \lim_{n\to+\infty} [\arctan x]_{-n}^{n} =$$
$$= \lim_{n\to+\infty} (\arctan n - \arctan(-n)) =$$
$$= \frac{\pi}{2} - \left(-\frac{\pi}{2}\right) = \pi$$

Conclusione:
La funzione assegnata è sommabile in $[-\infty, +\infty]$*; il rettangoloide generalizzato* U^f *ad essa relativo è:*

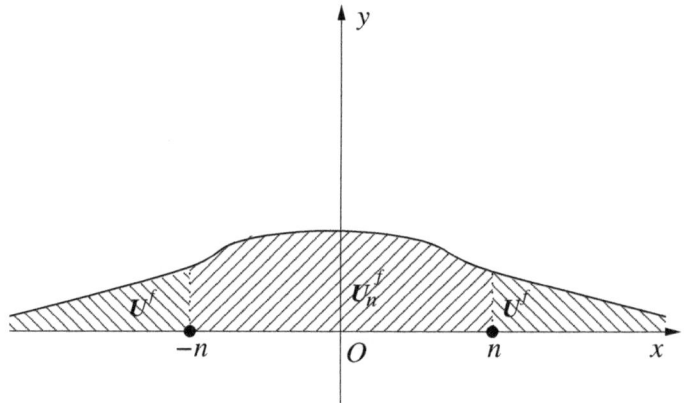

Figura 4.7

L'area di quest'ultimo è: area $U^f = \pi$.

Esempio 4.5 *La funzione*

$$f : y = f(x) = \frac{1}{|x-x_0|^\alpha} \quad , \quad x \in A = [x_0-h, x_0) \cup (x_0, x_0+h]$$

ove

x_0 *è un qualunque numero assegnato di* $\mathbb{R}$

h *è un qualunque numero positivo assegnato*

§ 4.5 Integrali di funzioni generalmente continue non negative

α è un parametro reale e positivo

ha come unico punto singolare: x_0 e quindi $E^f = \{x_0\}$; è a valori positivi e generalmente continua in $\overline{A} = A \cup E^f = [x_0 - h, x_0 + h]$.

Per il calcolo di

$$\int_{\overline{A}} f(x)dx = \int_{[x_0-h,x_0+h]} \frac{1}{|x-x_0|^\alpha}dx = \int_{x_0-h}^{x_0+h} \frac{1}{|x-x_0|^\alpha}dx$$

prendiamo come successione di plurintervalli invadente $A - E^f = [x_0 - h, x_0) \cup (x_0, x_0 + h]$:

$$\{\overline{P_n}\} = \left\{\left[x_0 - h, \; x_0 - \frac{1}{n}\right] \cup \left[x_0 + \frac{1}{n}, \; x_0 + h\right]\right\}.$$

Si ha allora:

$$\int_{[x_0-h,x_0+h]} \frac{1}{|x-x_0|^\alpha}dx = \int_{x_0-h}^{x_0+h} \frac{1}{|x-x_0|^\alpha}dx =$$

$$= \lim_{n \to +\infty} \left[\int_{x_0-h}^{x_0-\frac{1}{n}} \frac{1}{(x_0-x)^\alpha}dx + \int_{x_0+\frac{1}{n}}^{x_0+h} \frac{1}{(x-x_0)^\alpha}dx\right] =$$

$$= \cdots = \begin{cases} \frac{2h^{1-\alpha}}{1-\alpha} & \text{, se è } 0 < \alpha < 1 \\ +\infty & \text{, se è } \alpha \geq 1 \end{cases}$$

Conclusione:

La funzione assegnata è sommabile in $[x_0 - h, x_0 + h]$ se è $0 < \alpha < 1$; ha integrale divergente a $+\infty$ se è $\alpha \geq 1$; il rettangoloide generalizzato U^f ad essa relativo è:

Capitolo 4. Integrazione di funzioni generalmente continue

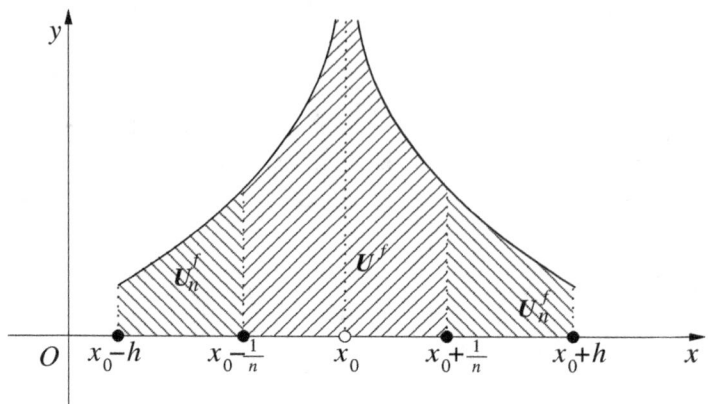

Figura 4.8

L'area di quest'ultimo è

$$\text{area } U^f = \begin{cases} \dfrac{2h^{1-\alpha}}{1-\alpha} & \text{se } 0 < \alpha < 1 \\ +\infty & \text{se } \alpha \geq 1 \end{cases}$$

Esempio 4.6 *La funzione*

$$f : y = f(x) = \frac{1}{(x-x_0)^\alpha} \quad , \quad x \in A = [x_0 + h, +\infty)$$

ove

x_0 *è un qualunque numero assegnato di* $\mathbb{R}$

h *è un qualunque numero positivo assegnato*

α *è un parametro reale e positivo*

ha come unico punto singolare: $+\infty$ e quindi $E^f = \{+\infty\}$; è a valori positivi e generalmente continua in $\overline{A} = A \cup E^f = [x_0 + h \ , \ +\infty]$.

Per il calcolo di

$$\int_{\overline{A}} f(x)dx = \int_{[x_0+h,+\infty]} \frac{1}{(x-x_0)^\alpha} dx = \int_{x_0+h}^{+\infty} \frac{1}{(x-x_0)^\alpha} dx$$

§ 4.5 Integrali di funzioni generalmente continue non negative   183

prendiamo come successione di plurintervalli *invadente*
$A - E^f = [x_0 + h, +\infty)$:

$$\{\overline{P_n}\} = \{[x_0 + h\ ,\ n]\}.$$

Si ha allora:

$$\int_{[x_0+h,+\infty]} \frac{1}{(x-x_0)^\alpha} dx = \int_{x_0+h}^{+\infty} \frac{1}{(x-x_0)^\alpha} dx =$$
$$= \lim_{n \to +\infty} \int_{x_0+h}^{n} \frac{1}{(x-x_0)^\alpha} dx$$

Calcolando l'integrale definito prima ed eseguendo poi l'operazione di limite, si ottiene:

$$\int_{x_0+h}^{+\infty} \frac{1}{(x-x_0)^\alpha} dx = \begin{cases} +\infty & \text{se è } 0 < \alpha \le 1 \\ \frac{h^{\alpha-1}}{\alpha-1} & \text{se è } \alpha > 1 \end{cases}$$

Conclusione:
La funzione assegnata è sommabile *in* $[x_0 + h\ ,\ +\infty]$ *se è* $\alpha > 1$; *ha integrale divergente a* $+\infty$ *se è* $0 < \alpha \le 1$; *il* rettangoloide generalizzato U^f *ad essa relativo è:*

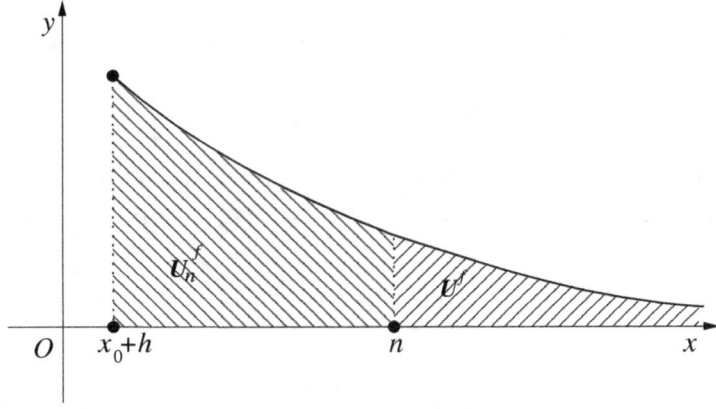

Figura 4.9

L'area di quest'ultimo è:

$$\text{area } U^f = \begin{cases} \frac{h^{\alpha-1}}{\alpha-1} & se \ \alpha > 1 \\ +\infty & se \ 0 < \alpha \leq 1 \end{cases}$$

Per terminare l'esposizione della *teoria dell'integrazione delle funzioni generalmente continue a valori non negativi*, diciamo quali sono le *proprietà* dei loro *integrali*.

4.6 Proprietà degli integrali delle funzioni generalmente continue a valori non negativi

Elenchiamo qui senza dimostrare alcuni *teoremi* che esprimono altrettante *proprietà* degli *integrali* delle *funzioni generalmente continue a valori non negativi*.

Teorema 4.3 - Teorema dell'additività

Data una funzione f *di* dominio A, *sia* E^f *l'*insieme dei suoi punti singolari.
Se

- *la* funzione f *é generalmente continua nell'*intervallo $\overline{A} = A \cup E^f$ ed a valori non negativi

allora
comunque si effettui una decomposizione *dell'*intervallo $\overline{A}$ *in* n *intervalli parziali* $A_1, A_2, \ldots, A_n$ *a due a due privi di punti interni comuni, si ha:*

$$\int_{\overline{A}} f(x)dx = \int_{\overline{A_1}} f(x)dx + \int_{\overline{A_2}} f(x)dx + \cdots + \int_{\overline{A_n}} f(x)dx \qquad (4.11)$$

Teorema 4.4 - Teorema della distributività

Date n funzioni $f_1, f_2, \ldots, f_n$ aventi lo stesso dominio A.
Se

§ 4.6 Proprietà degli integrali studiati nel paragrafo 4.5

- *esse sono* generalmente continue *nell'*intervallo $\overline{A}$ ed a valori non negativi

- $c_1, c_2, \ldots, c_n$ *sono n numeri* non negativi *arbitrariamente scelti*

allora
la funzione $f = f_1 c_1 + f_2 c_2 + \cdots, + f_n c_n = \sum_{k=1}^{n} c_k \cdot f_k$ é generalmente continua *nell'*intervallo $\overline{A}$, *a valori non negativi e si ha:*

$$\int_{\overline{A}} \left(\sum_{k=1}^{n} c_k \cdot f_k(x) \right) dx = \sum_{k=1}^{n} c_k \cdot \int_{\overline{A}} f_k(x) dx \qquad (4.12)$$

Teorema 4.5 - Teorema della media

Data una funzione f *di* dominio limitato A, *sia* E^f *l'*insieme dei suoi punti singolari.
Se

- *la* funzione f é generalmente continua *nell'*intervallo limitato $\overline{A} = A \cup E^f$ ed a valori non negativi

allora
$$\inf f \cdot \operatorname{mis} \overline{A} \leq \int_{\overline{A}} f(x) dx \leq \sup f \cdot \operatorname{mis} \overline{A} \qquad (4.13)$$

Teorema 4.6 - Teorema del confronto

Date due funzioni f *e* g *di* dominio A, *siano rispettivamente* E^f *ed* E^g *gli* insiemi dei loro punti singolari.
Se

- *le* funzioni f *e* g *sono* generalmente continue *nell'*intervallo $\overline{A} = A \cup E^f = A \cup E^g$ ed a valori non negativi

- $\forall x \in A - (E^f \cup E^g)$ *risulta* $f(x) \leq g(x)$

allora
$$\int_{\overline{A}} f(x) dx \leq \int_{\overline{A}} g(x) dx \qquad (4.14)$$

186 *Capitolo 4. Integrazione di funzioni generalmente continue*

Per completare l'esposizione della *teoria dell'integrazione* che stiamo costruendo, manca di definire il "procedimento d'associazione" per le *funzioni* della *famiglia* $\mathfrak{F}_G$ appartenenti alla *seconda* ed alla *terza sottofamiglia*, cioè per le *funzioni*:

– *a valori non positivi*

– *a valori di segno qualunque*.

Nei prossimi due *paragrafi* ci occuperemo di esse!

4.7 "Procedimento d'associazione" per le funzioni appartenenti alla seconda sottofamiglia di $\mathfrak{F}_G$

Nel punto 3. del *paragrafo* 4.2 abbiamo detto che per costruire il "procedimento di associazione" per le *funzioni generalmente continue* appartenenti alla *seconda* ed alla *terza sottofamiglia* di $\mathfrak{F}_G$ ci saremo serviti dell'*integrale delle funzioni* della *prima sottofamiglia* cioè dell'*integrale* delle *funzioni generalmente continue* a *valori non negativi*.

Vediamo come!

Per quanto riguarda le *funzioni* della *seconda sottofamiglia* di $\mathfrak{F}_G$, cioè le *funzioni generalmente continue* a *valori non positivi*, ragioniamo così:

Data una *funzione*

$$f : y = f(x) \quad , x \in A \subseteq \mathbb{R} \subset \widetilde{\mathbb{R}}$$

sia E^f l'*insieme* dei suoi *punti singolari*.

Se f è a *valori non positivi* e *generalmente continua* nell'*intervallo* $\overline{A} = A \cup E^f$ allora la *funzione*:

$$-f : y = (-f)(x) = -f(x) \quad , x \in A \subseteq \mathbb{R} \subset \widetilde{\mathbb{R}}$$

è anche essa *generalmente continua* in $\overline{A} = A \cup E^f$ [5] ma *a valori non negativi*.

---

[5]È facile convincersi che f e $-f$ hanno gli stessi *punti singolari* quindi $E^f = E^{-f}$.

§ 4.7 "Procedimento d'associazione" per la 2ª sottofamiglia di $\mathfrak{F}_G$

Per quanto abbiamo detto nel *paragrafo 4.3*,$-f$ è *integrabile* ed il suo *integrale* è:

$$\int_{\overline{A}}(-f)(x)dx = \int_{\overline{A}}(-f(x))\,dx = \sup\left\{\int_A (-f(x))\,dx\right\}_{P\in\Phi} ; \quad (4.15)$$

quest'ultimo può essere calcolato mediante l'*operazione di limite*:

$$\int_{\overline{A}}(-f(x))\,dx = \lim_{n\to+\infty}\int_{\overline{P_n}}(-f(x))\,dx$$

ove:
$\{\overline{P_n}\}$ è una qualunque *successione* di *plurintervalli invadente* $A - E^f$.

Il valore dell'*integrale* (4.15) è l'*area* del *rettangoloide generalizzato*, che denotiamo con U^{-f}, relativo alla *funzione* $-f$.

Poiché la *funzione* f può essere espressa per mezzo della *funzione* $-f$:

$$f : y = f(x) = -(-f(x)) \quad , x \in A \subseteq \mathbb{R} \subset \widetilde{\mathbb{R}},$$

viene naturale porre per *definizione*:

$$\int_{\overline{A}} f(x)dx = -\int_{\overline{A}}(-f(x))\,dx \quad (4.16)$$

e concludere:

– **Ogni funzione**

$$f : y = f(x) \quad , x \in A \subseteq \mathbb{R} \subset \widetilde{\mathbb{R}}$$

a valori non positivi della *famiglia* $\mathfrak{F}_G$ è *integrabile*.

Il suo *integrale*, che denotiamo con il simbolo

$$\int_{\overline{A}} f(x)dx \quad ,$$

è un *numero* o $-\infty$. Se è un *numero* si dice che la funzione è *ad integrale convergente* o che è *sommabile*.

Il ***rettangoloide generalizzato***, ad essa relativo, ha ***area finita*** ed il ***valore assoluto*** dell'***integrale*** ne è il ***valore***.

Se è invece $-\infty$, si dice che la funzione è ad ***integrale divergente*** e che il ***rettangoloide generalizzato***, ad essa relativo, ha ***area infinita***.

Diamo un esempio!

Esempio 4.7 *La funzione*

$$f : y = f(x) = \log x \qquad , x \in A = (0, 1]$$

ha come unico punto singolare 0 *e quindi* $E^f = \{0\}$; *è a valori non positivi e generalmente continua in* $\overline{A} = A \cup E^f = [0, 1]$.

Per il calcolo di

$$\int_{\overline{A}} f(x)dx = \int_{[0,1]} \log x\, dx = \int_0^1 \log x\, dx$$

prendiamo come successione di plurintervalli invadente $A - E^f = (0, 1]$:

$$\{\overline{P_n}\} = \left\{\left[\frac{1}{n}, 1\right]\right\}.$$

Si ha allora:

$$\int_{[0,1]} \log x\, dx = \int_0^1 \log x\, dx = \lim_{n \to +\infty} \int_{\frac{1}{n}}^1 \log x\, dx = \lim_{n \to +\infty} [x \cdot \log x - x]_{\frac{1}{n}}^1 =$$

$$= \lim_{n \to +\infty} \left[(1 \cdot \log 1 - 1) - \left(\frac{1}{n} \cdot \log \frac{1}{n} - \frac{1}{n}\right)\right] =$$

$$= \lim_{n \to +\infty} \left[-1 - \frac{1}{n} \cdot (-\log n - 1)\right] =$$

$$= \lim_{n \to +\infty} \left[-1 + \frac{1}{n}(\log n + 1)\right] =$$

$$= \lim_{n \to +\infty} \left[-1 + \frac{\log n + 1}{n}\right] = -1$$

§ 4.8 "Procedimento d'associazione" per la 3ª sottofamiglia di $\mathfrak{F}_G$

Conclusione:
La funzione assegnata è sommabile *in* [0, 1]; *il* rettangoloide generalizzato U^f *ad essa relativo è:*

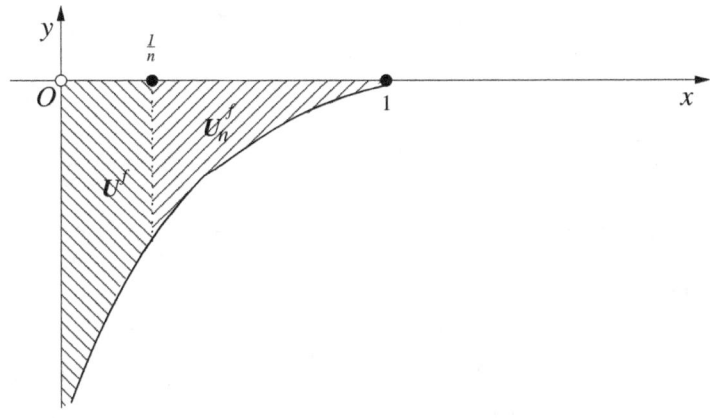

Figura 4.10

L'area di quest'ultimo è:

$$\text{area } U^f = \left| \int_0^1 \log x \, dx \right| = |-1| = 1.$$

Per terminare occupiamoci infine del "procedimento di associazione" per le *funzioni della terza sottofamiglia* di $\mathfrak{F}_G$, cioè delle *funzioni a valori di segno qualunque*.

4.8 "Procedimento d'associazione" per le funzioni appartenenti alla terza sottofamiglia di $\mathfrak{F}_G$

Per definire il "procedimento di associazione" per le *funzioni* della *terza sottofamiglia* di $\mathfrak{F}_G$, cioè per le *funzioni generalmente continue a valori di segno qualunque*, ragioniamo così:
Sappiamo che una *qualunque funzione reale* di una *variabile reale*

$$f : y = f(x) \quad , x \in A \subseteq \mathbb{R} \subset \widetilde{\mathbb{R}}$$

può essere riguardata come *funzione differenza* delle due *funzioni*:

$$f_1 : y = f_1(x) = \frac{|f(x)|+f(x)}{2} \quad , x \in A \subseteq \mathbb{R} \subset \widetilde{\mathbb{R}}$$

e (4.17)

$$f_2 : y = f_2(x) = \frac{|f(x)|-f(x)}{2} \quad , x \in A \subseteq \mathbb{R} \subset \widetilde{\mathbb{R}}$$

quindi possiamo scrivere

$$f : y = f(x) = f_1(x) - f_2(x) \quad x \in A \subseteq \mathbb{R} \subset \widetilde{\mathbb{R}} \qquad (4.18)$$

Dalle (4.17) segue che:

- Se è $f(x) \geq 0, \forall x \in A$ allora $f_1(x) = f(x)$ e $f_2(x) = 0$; il *diagramma cartesiano* di f_1 coincide con *quello* di f, mentre il *diagramma cartesiano* di f_2 coincide con quello della *funzione identicamente nulla* avente per *dominio A*.

- Se è $f(x) \leq 0, \forall x \in A$, allora $f_1(x) = 0$ e $f_2(x) = f(x)$; il *diagramma cartesiano* di f_1 coincide con *quello* della *funzione identicamente nulla* avente per *dominio A*, mentre il *diagramma cartesiano* di f_2 è il *simmetrico* rispetto all'asse x del *diagramma cartesiano* di f.

- Se è infine $f(x)$ di *segno qualunque* ed il *diagramma cartesiano* della *funzione f* è ad esempio:

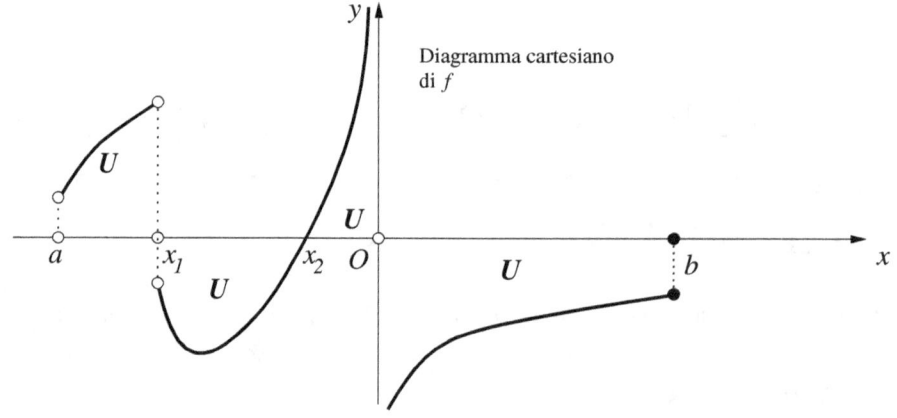

Figura 4.11

§ 4.8 *"Procedimento d'associazione"* per la 3ª sottofamiglia di $\mathfrak{F}_G$ 191

i *diagrammi cartesiani* delle *funzioni* f_1 e f_2 ed i relativi *rettangoloidi* sono rispettivamente:

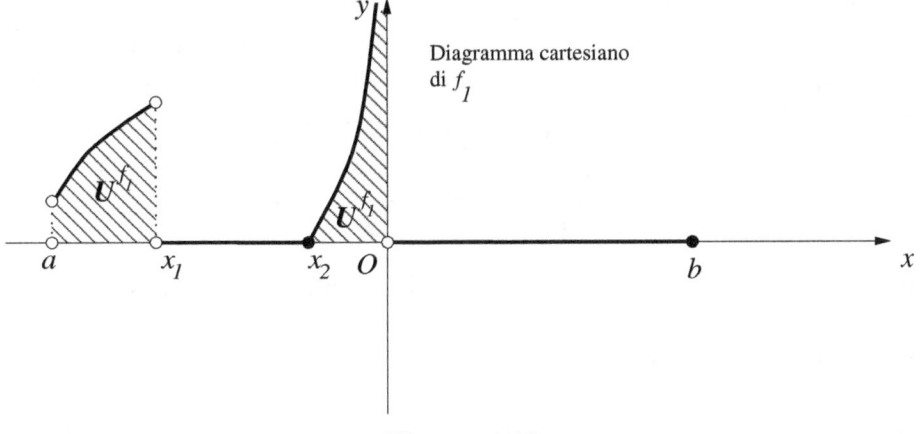

Figura 4.12

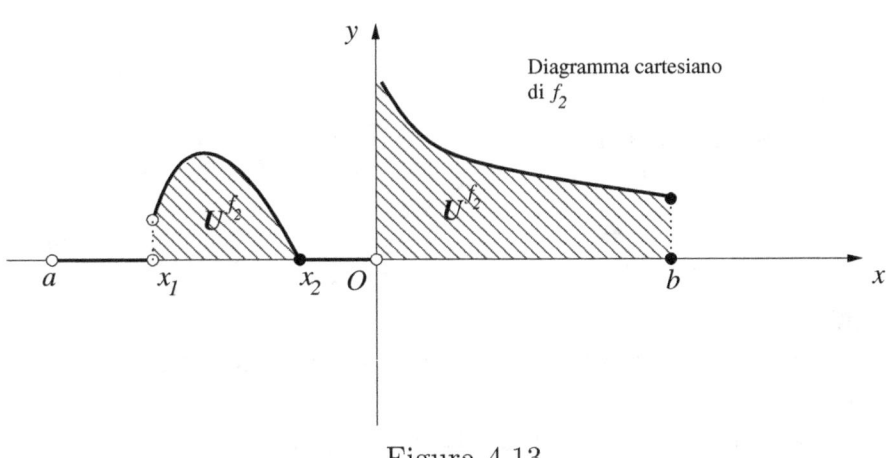

Figura 4.13

La *decomposizione* (4.18) della *funzione* f è valida per *tutte* le *funzioni* reali di una variabile reale; in particolare quindi lo è per le *funzioni generalmente continue* cioè appartenenti alla *famiglia* $\mathfrak{F}_G$.

Se mostriamo che le *funzioni* f_1 e f_2, in cui la (4.18) decompone una *funzione generalmente continua* f, sono *generalmente continue* allora, essendo esse *integrabili* perché a *valori non negativi*, la via per definire il "procedimento di associazione" per f è aperta.

Volendo infatti definire il "procedimento di associazione" in modo che gli *integrali* delle *funzioni generalmente continue* godano delle stesse *proprietà* di *quelli* di *Riemann*, la (4.18) ci induce a porre per *definizione*:

$$\int_{\overline{A}} f(x)dx = \int_{\overline{A}} f_1(x)dx - \int_{\overline{A}} f_2(x)dx \qquad (4.19)$$

Prima di valutare se la *definizione* (4.19) è accettabile, vediamo se essa è proponibile.

Lo è, se proviamo che la *tesi* del seguente *teorema* è vera.

Teorema 4.7 *Sia f una funzione reale di una variabile reale di dominio A e sia E^f l'insieme dei suoi punti singolari.*
Se

- f è generalmente continua *in $\overline{A} = A \cup E^f$*

allora

- *le* funzioni f_1 e f_2, *costruite a partire da essa mediante le (4.17), sono* generalmente continue *in $\overline{A}$ e le* relazioni *tra gli* insiemi *di punti singolari: E^f, E^{f_1} ed e^{f_2} sono:*

$$E^{f_1} \subseteq E^f \quad , \quad E^{f_2} \subseteq E^f \qquad (4.20)$$

Dimostrazione
Se x_0 è un *punto di continuità* per la *funzione f*, per il modo come sono state costruite f_1 e f_2, lo è anche per esse.

Se x_0 è invece *punto di discontinuità* (e quindi punto singolare) per la *funzione f*, può darsi benissimo che sia *punto di continuità* per *almeno una delle due funzioni* f_1 e f_2 e quindi le *relazioni* (4.20) sono vere; le *funzioni* f_1 e f_2 sono quindi *generalmente continue*.
c.v.d.

Per convincerci maggiormente della validità delle *relazioni* (4.20), diamo un esempio.

Esempio 4.8 *Sia*

$$f : y = f(x) = f(x) = \begin{cases} x - 2 & , x \in (-5, 0] \\ x & , x \in (0, 10] \end{cases}$$

Il suo dominio è $A = (-5, 10]$; si tratta di una funzione generalmente continua in $\overline{A} = [-5, 10]$ ed il suo insieme E^f dei punti singolari è: $E^f = \{-5, 0\}$.

Le funzioni f_1 e f_2, costruite a partire da essa per mezzo delle (4.17), sono:

$$f_1 : y = f_1(x) = \begin{cases} 0 & , x \in (-5, 0] \\ x & , x \in (0, 10] \end{cases}$$

e

$$f_2 : y = f_2(x) = \begin{cases} -x + 2 & , x \in (-5, 0] \\ 0 & , x \in (0, 10] \end{cases}$$

Come si vede: $E^{f_1} = \{-5\}$ e quindi è contenuto in E^f mentre è $E^{f_2} = E^f$.

Conclusione:
La definizione (4.19) è proponibile.

Vediamo ora se è accettabile!

4.9 Accettabilità della definizione (4.19)

La *definizione* (4.19) non è sempre accettabile; non lo è se i due *integrali*:

$$\int_{\overline{A}} f_1(x)dx \quad \text{e} \quad \int_{\overline{A}} f_2(x)dx$$

valgono entrambi $+\infty$; in questo caso il secondo membro della (4.19) assume la *forma* $+\infty - \infty$.

A tale *forma* infatti, nel *paragrafo* 1.17 in cui abbiamo fatto le *convenzioni* per l'uso dei *simboli* $-\infty$ e $+\infty$, non abbiamo attribuito alcun *valore* mentre il "procedimento di associazione" che vogliamo costruire, deve "associare" ad *ogni funzione integrabile f* della *famiglia* fissata, un *elemento* di $\widetilde{\mathbb{R}}$ che chiamiamo *integrale della funzione*.

Escluso tale caso, la *definizione* (4.19) è accettabile. Poniamo allora la seguente *definizione*.

Definizione di integrale
Una *funzione*

$$f : y = f(x) \quad , \quad x \in A \subseteq \mathbb{R} \subset \widetilde{\mathbb{R}}$$

generalmente continua in $\overline{A}$ **ed a *valori di segno qualunque* è *integrabile* se almeno uno dei due *integrali***

$$\int_{\overline{A}} f_1(x)dx \quad \text{e} \quad \int_{\overline{A}} f_2(x)dx \qquad (4.21)$$

ha *valore finito*.

Se *f* è *integrabile*, il *valore dell'integrale* è dato dalla (4.19), cioè

$$\int_{\overline{A}} f(x)dx = \int_{\overline{A}} f_1(x)dx - \int_{\overline{A}} f_2(x)dx$$

Da tale *definizione* segue:

1. Se entrambe le *funzioni* f_1 e f_2 sono *sommabili* allora anche la *funzione f* è *sommabile*

2. Se *una* delle *funzioni* f_1 e f_2 *non è sommabile* allora la *funzione f* è *integrabile* ma *non è sommabile*.

In ogni caso, se la *funzione f* è *integrabile* (*sommabile* oppure no), si ha che

$$\left| \int_{\overline{A}} f(x)dx \right|$$

§ 4.10 Conclusioni sulle funzioni generalmente continue

è il *valore assoluto* della *differenza* delle *aree* dei *rettangoloidi generalizzati* U^{f_1} e U^{f_2} cioè:

$$\left| \int_{\overline{A}} f(x) dx \right| = \left| \text{area } U^{f_1} - \text{area } U^{f_2} \right|.$$

Con la *definizione* data di *integrale* per le *funzioni generalmente continue di segno variabile*, abbiamo terminato l'esposizione del "procedimento di associazione" per le *funzioni* della *famiglia* $\mathfrak{F}_G$.

Facciamo il punto sui risultati raggiunti!

4.10 Conclusioni circa l'integrabilità delle funzioni generalmente continue e calcolo dei loro integrali

Il "procedimento di associazione" utilizzato per costruire la *teoria dell'integrazione* delle *funzioni generalmente continue* ci permette di concludere:

1. Tutte le *funzioni* della *famiglia* $\mathfrak{F}_G$ a *valori non negativi* sono *integrabili*: *sommabili* oppure ad *integrale divergente* a $+\infty$.

2. Tutte le *funzioni* della *famiglia* $\mathfrak{F}_G$ a *valori non positivi* sono *integrabili*: *sommabili* oppure ad *integrale divergente* a $-\infty$.

3. *Non tutte* le *funzioni* della *famiglia* $\mathfrak{F}_G$ a *valori di segno qualunque* sono *integrabili*: lo sono solo quelle per le quali *almeno* uno dei due *integrali* (4.21) ha *valore finito*. Quelle di esse che sono *integrabili* poi, possono essere: *sommabili*, *ad integrale divergente* a $+\infty$ e *ad integrale divergente* a $-\infty$.

In definitiva:

– le *uniche* funzioni generalmente continue *non integrabili* appartengono tutte alla *terza sottofamiglia* di $\mathfrak{F}_G$ cioè si trovano tra le *funzioni generalmente continue a valori di segno qualunque*.

– le *funzioni generalmente continue sommabili* si trovano invece in tutte e tre le *sottofamiglie* in cui abbiamo ripartito la famiglia $\mathfrak{F}_G$.

4. L'*integrale*

$$\int_{\overline{A}} f(x)dx \qquad (4.22)$$

delle *funzioni generalmente continue* della *prima* e *seconda sottofamiglia* di $\mathfrak{F}_G$, cioè a *valori non negativi* e a *valori non positivi* si può calcolare fissando una *qualunque successione* $\{\overline{P}_n\}$ di *plurintervalli invadente* l'*insieme* $A - E^f$ ed eseguendo poi l'*operazione di limite*

$$\lim_{n \to +\infty} \int_{\overline{P}_n} f(x)dx \qquad {}^6 \qquad (4.23)$$

Resta da esaminare se, anche per le *funzioni generalmente continue* della *terza sottofamiglia* di $\mathfrak{F}_G$ cioè a *valori di segno qualunque*, è lecito calcolarne l'*integrale* mediante l'*operazione di limite* (4.23) oppure se per tale *calcolo* ci si deve necessariamente servire della *definizione* che abbiamo dato di esso.

Il seguente *teorema* ci dice quando tale *operazione* è lecita.

Teorema 4.8 *Data una* funzione f *di* dominio A, *sia* E^f *l'*insieme *dei suoi* punti singolari.
Se
    la funzione f è generalmente continua *in* $\overline{A} = A \cup E^f$, a valori di segno qualunque *ed* integrabile

---

[6]Tale *limite* sicuramente esiste perché la *successione numerica*

$$\left\{ \int_{\overline{P}_n} f(x)dx \right\}$$

è *monotòna*:

- *non decrescente* se la *funzione* f è a *valori non negativi*
- *non crescente* se la *funzione* f è a *valori non positivi*.

Il *valore del limite* è nei due casi l'*integrale* (4.22).

§ 4.10 Conclusioni sulle funzioni generalmente continue

allora

comunque si fissi una successione $\{\overline{P}_n\}$ *di* plurintervalli invadente *l'*insieme $A - E^f$, *risulta*

$$\lim_{n \to +\infty} \int_{\overline{P}_n} f(x)dx = \int_{\underline{A}} f(x)dx \qquad (4.24)$$

Dimostrazione
Dall'uguaglianza

$$f : y = f(x) = f_1(x) - f_2(x), \quad x \in A \subseteq \mathbb{R} \subset \widetilde{\mathbb{R}} \qquad (4.18)$$

segue che:
se $\{\overline{P}_n\}$ è una qualunque *successione* di *plurintervalli invadente* l'*insieme* $A - E^f$ si ha:

$$\int_{\overline{P}_n} f(x)dx = \int_{\overline{P}_n} [f_1(x) - f_2(x)]\, dx = \int_{\overline{P}_n} f_1(x)dx - \int_{\overline{P}_n} f_2(x)dx\, , \forall n \in \mathbb{N} \qquad (4.25)$$

Facendo l'*operazione di limite* per $n \to +\infty$ otteniamo:

$$\begin{aligned}
\lim_{n \to +\infty} \int_{\overline{P}_n} f(x)dx &= \lim_{n \to +\infty} \left(\int_{\overline{P}_n} f_1(x)dx - \int_{\overline{P}_n} f_2(x)dx \right) = \\
&= \lim_{n \to +\infty} \int_{\overline{P}_n} f_1(x)dx - \lim_{n \to +\infty} \int_{\overline{P}_n} f_2(x)dx = \\
&= \int_{\underline{A}} f_1(x)dx - \int_{\underline{A}} f_2(x)dx = \text{per le (4.19)} = \\
&= \int_{\underline{A}} f(x)dx
\end{aligned}$$

c.v.d.

Dopo aver dimostrato tale *teorema* possiamo dire:

– Se sappiamo che una *funzione* f appartenente alla *famiglia* $\mathfrak{F}_G$ è *integrabile*, il suo *integrale* è il limite

$$\lim_{n \to +\infty} \int_{\overline{P}_n} f(x)dx \qquad [7] \qquad (4.24)$$

---

[7] La stessa notazione, nella (4.23) denota l'*operazione di limite*, qui il *risultato* di essa.

Prima di eseguire l'*operazione* (4.23) quindi, occorre accertarsi dell'*integrabilità della funzione*.

Tale accertamento è necessario solo nel caso che la *funzione* è a *valori di segno qualunque*; se la *funzione* è infatti *a valori non negativi* oppure *non positivi* si sa *a-priori* che è *integrabile* quindi si può tranquillamente eseguire la suddetta *operazione* senza alcun *accertamento* previo.

A questo punto sorge naturale la domanda:

Se si esegue l'*operazione di limite* (4.23) su una *funzione a valori di segno qualunque* senza prima averne accertato l'*integrabilità*, nel caso che la *funzione non è integrabile*, quale sarà il risultato della suddetta operazione?

Prima di rispondere a tale domanda vogliamo:

a. dare degli *esempi* di *funzioni generalmente continue* e calcolare i loro *integrali* qualora siano *integrabili*

b. focalizzare l'attenzione sulle *funzioni generalmente continue* che sono *sommabili*

c. controllare che il "procedimento d'associazione" della *teoria dell'integrazione* che stiamo esponendo, soddisfi il *vincolo* che abbiamo posto per esso nel *paragrafo* 4.2.

Andiamo in ordine!

4.11 Esempi di funzioni generalmente continue a valori di segno qualunque e calcolo dei loro integrali se integrabili

Per prendere pratica nel riconoscere se una *funzione generalmente continua* ed *a valori di segno qualunque* è *integrabile* e se lo è, nel *calcolare* il suo *integrale* diamo degli esempi.

Esempio 4.9 *La funzione*

$$f : y = f(x) = \log x \quad , \quad x \in A = (0, 2]$$

§ 4.11 Esempi di funzioni generalmente continue

ha $x_0 = 0$ *come* unico punto singolare *e pertanto è:*

$$E^f = \{0\} \quad ed \quad \overline{A} = A \cup E^f = [0, 2].$$

Si tratta di una funzione generalmente continua *in* $\overline{A} = [0, 2]$ *e poiché risulta:*

$$f(x) < 0 \quad se \; è \quad x \in (0, 1)$$
$$f(x) \geq 0 \quad se \; è \quad x \in [1, 2]$$

f *è a valori di segno qualunque.*

Le funzioni f_1 *e* f_2 *di cui* f *è* differenza, *sono:*

$$f_1 : y = f_1(x) = \frac{|f(x)| + f(x)}{2} = \begin{cases} 0 & , x \in (0, 1) \\ \log x & , x \in [1, 2] \end{cases}$$

e

$$f_2 : y = f_2(x) = \frac{|f(x)| - f(x)}{2} = \begin{cases} -\log x & , x \in (0, 1) \\ 0 & , x \in [1, 2] \end{cases}$$

Per accertare se la funzione f *è integrabile, occorre provare che almeno una* delle due *funzioni* f_1 *e* f_2 *è sommabile.*

La funzione f_1 *è sommabile perché il* rettangoloide U^{f_1} *ad essa relativo, ha* area finita *e quindi, indipendentemente dal fatto che la funzione* f_2 *sia* sommabile *oppure no, la funzione* f *è integrabile.*

Calcoliamo allora l'integrale di f *utilizzando l'operazione di limite (4.23).*

A tale scopo fissiamo come successione di plurintervalli invadente $A - E^f = (0, 2]$:

$$\{\overline{P}_n\} = \left\{ \left[\frac{1}{n}, 2 \right] \right\}.$$

Si ha allora:

$$\int_{[0,2]} \log x \, dx = \int_0^2 \log x \, dx = \lim_{n \to +\infty} \int_{\frac{1}{n}}^2 \log x \, dx =$$
$$= \lim_{n \to +\infty} [x \cdot \log x - x]_{\frac{1}{n}}^2 =$$
$$= \lim_{n \to +\infty} \left[(2 \cdot \log 2 - 2) - \left(\frac{1}{n} \cdot \log \frac{1}{n} - \frac{1}{n} \right) \right] =$$
$$= \lim_{n \to +\infty} \left[2 \cdot \log 2 - 2 - \left(\frac{1}{n}(-\log n) - \frac{1}{n} \right) \right] =$$
$$= \lim_{n \to +\infty} \left[2 \cdot \log 2 - 2 + \left(\frac{\log n}{n} + \frac{1}{n} \right) \right] =$$
$$= 2(\log 2 - 1).$$

Conclusione:

– *la* funzione f è integrabile, *anzi è addirittura sommabile.*

Esempio 4.10 *La funzione*

$$f : y = f(x) = \frac{1}{x} \quad , x \in A = [-5, 0) \cup (0, 6]$$

ha $x_0 = 0$ *come* unico punto singolare *e pertanto è:*

$$E^f = \{0\} \qquad ed \qquad \overline{A} = A \cup E^f = [-5, 6].$$

Si tratta di una funzione generalmente continua *in* $\overline{A} = [-5, 6]$ *e poiché risulta:*

$$f(x) < 0 \quad se \; è \quad x \in [-5, 0)$$
$$f(x) > 0 \quad se \; è \quad x \in (0, 6]$$

f è a valori di segno qualunque.

Le funzioni f_1 e f_2 di cui f è differenza, sono:

$$f_1 : y = f_1(x) = \frac{|f(x)| + f(x)}{2} = \begin{cases} 0 & , x \in [-5, 0) \\ \frac{1}{x} & , x \in (0, 6] \end{cases}$$

§ 4.11 Esempi di funzioni generalmente continue

e
$$f_2 : y = f_2(x) = \frac{|f(x)| - f(x)}{2} = \begin{cases} -\frac{1}{x} & , x \in [-5, 0) \\ 0 & , x \in (0, 6] \end{cases}$$

Per accertare se la funzione f *è integrabile, occorre provare che* almeno una *delle due* funzioni f_1 e f_2 *è sommabile.*
Calcoliamo allora l'integrale di f_1!
Poiché f_1 *è a valori non negativi, per il* teorema *4.3 (teorema dell'additività), si ha:*

$$\int_{[-5,6]} f_1(x)\, dx = \int_{[-5,0]} 0 \cdot dx + \int_{[0,6]} \frac{1}{x}\, dx \qquad (4.26)$$

Il primo integrale del membro di destra dell'uguaglianza scritta vale 0 perché il rettangoloide *relativo alla* restrizione *di* f_1 *avente per* dominio $[-5, 0)$ *ha area nulla quindi la (4.26) diviene*

$$\int_{[-5,6]} f_1(x)\, dx = \int_{[0,6]} \frac{1}{x} dx \qquad (4.27)$$

Procediamo allora con il calcolo *dell'integrale che compare al secondo* membro *della (4.27)!*
A tale scopo fissiamo come successione *di plurintervalli invadente l'intervallo* $(0, 6]$:

$$\{\overline{P}_n\} = \left\{ \left[\frac{1}{n}, 6 \right] \right\}.$$

Si ha allora:

$$\int_{[0,6]} \frac{1}{x} dx = \int_0^6 \frac{1}{x} dx = \lim_{n \to +\infty} \int_{\frac{1}{n}}^6 \frac{1}{x} dx =$$
$$= \lim_{n \to +\infty} [\log x]_{\frac{1}{n}}^6 = \lim_{n \to +\infty} \left[\log 6 - \log \frac{1}{n} \right] =$$
$$= \log 6 - (-\infty) = +\infty$$

Poiché la funzione f_1 *non è sommabile, la funzione* f *è integrabile se è sommabile la funzione* f_2.

Calcoliamo allora l'integrale di quest'ultima!
Ragionando allo stesso modo, possiamo scrivere:

$$\int_{[-5,6]} f_2(x)\,dx = \int_{[-5,0]} \left(-\frac{1}{x}\right) dx + \int_{[0,6]} 0\,dx = \int_{[-5,0]} \left(-\frac{1}{x}\right) dx \quad (4.28)$$

Per il calcolo dell'integrale di destra della (4.28), fissiamo come successione di plurintervalli invadente l'intervallo $[-5, 0)$:

$$\{\overline{P}_n\} = \left\{\left[-5, -\frac{1}{n}\right]\right\}.$$

Si ha allora:

$$\int_{[-5,0]} \left(-\frac{1}{x}\right) dx = \int_{-5}^{0} \left(-\frac{1}{x}\right) dx = -\lim_{n \to +\infty} \int_{-5}^{-\frac{1}{n}} \frac{1}{x} dx =$$

$$= -\lim_{n \to +\infty} [\log|x|]_{-5}^{-\frac{1}{n}} = -\lim_{n \to +\infty} \left[\log\frac{1}{n} - \log 5\right] =$$

$$= -(-\infty) = +\infty$$

Conclusione:

- *la funzione* f_2 *non è sommabile quindi la funzione* f *non è integrabile.*

Esempio 4.11 *La funzione*

$$f : y = f(x) = e^{-x} \cdot \sin x \quad, x \in A = [0, +\infty)$$

ha $x_0 = +\infty$ *come unico punto singolare e pertanto è:*

$$E^f = \{+\infty\} \quad \text{ed} \quad \overline{A} = A \cup E^f = [0, +\infty].$$

Si tratta di una funzione generalmente continua in $\overline{A} = [0, +\infty]$ *e poiché risulta:*

$$f(x) \geq 0 \qquad \text{se è } x \in [(2k)\pi, (2k+1)\pi] \ , k = 0, 1, 2, \ldots$$
$$f(x) < 0 \qquad \text{se è } x \in ((2k+1)\pi, (2k+2)\pi) \ , k = 0, 1, 2, \ldots$$

§ 4.11 Esempi di funzioni generalmente continue

f è a valori di segno qualunque.
Le funzioni f_1 e f_2, di cui f è differenza, sono:

$$f_1 : y = f_1(x) = \frac{|f(x)| + f(x)}{2} =$$
$$= \begin{cases} f(x) & , x \in [(2k)\pi, (2k+1)\pi] \, , k = 0, 1, 2, \ldots \\ 0 & , x \in ((2k+1)\pi, (2k+2)\pi) \, , k = 0, 1, 2, \ldots \end{cases}$$

e

$$f_2 : y = f_2(x) = \frac{|f(x)| - f(x)}{2} =$$
$$= \begin{cases} 0 & , x \in [(2k)\pi, (2k+1)\pi] \, , k = 0, 1, 2, \ldots \\ -f(x) & , x \in ((2k+1)\pi, (2k+2)\pi) \, , k = 0, 1, 2, \ldots \end{cases}$$

Disegniamo ora il diagramma cartesiano *della* funzione f ed i rettangoloidi generalizzati *relativi alle* funzioni f_1 e f_2:

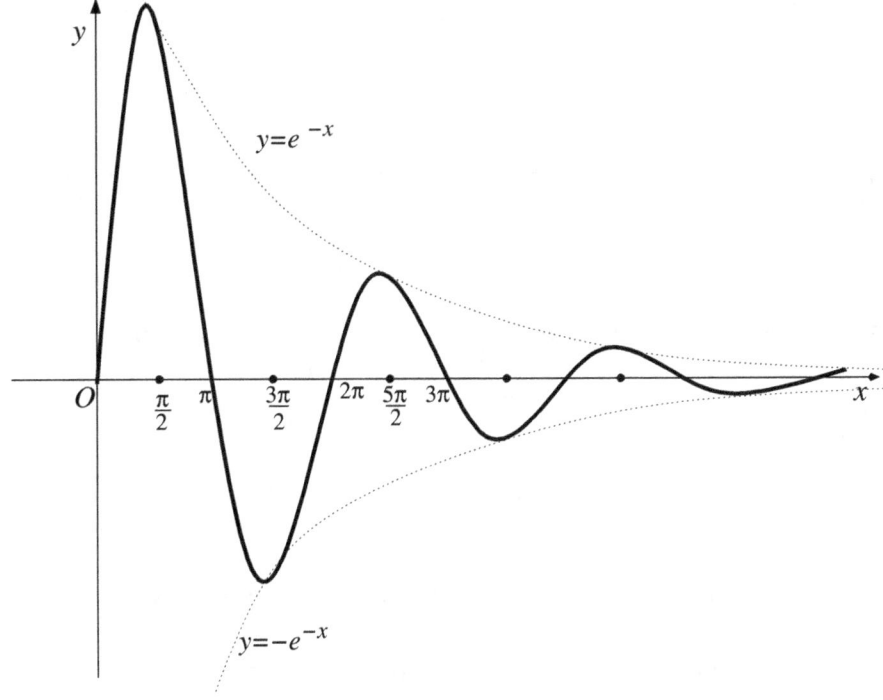

Figura 4.14

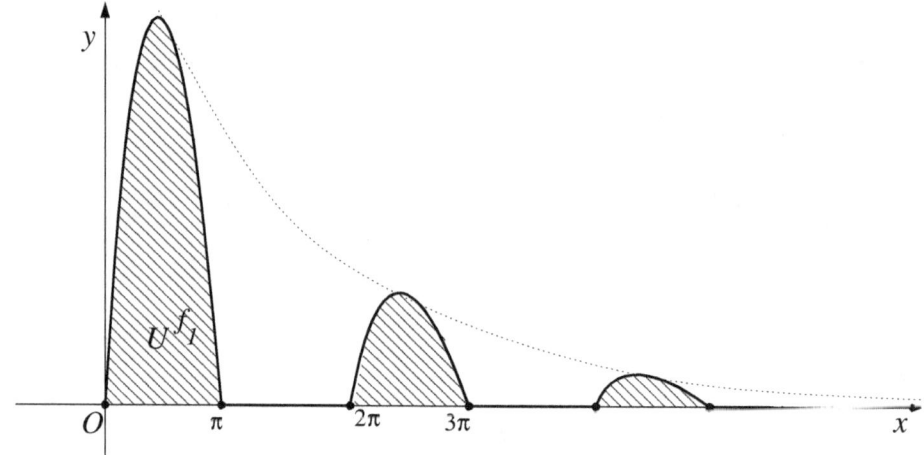

Figura 4.15

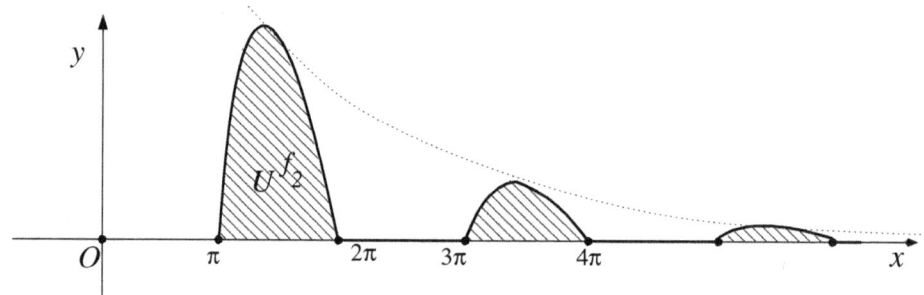

Figura 4.16

Tenendo presente che l'area *del* rettangoloide generalizzato U^f *relativo alla* funzione f *dell'esempio 4.3 vale 1 e che risulta:*

$$U^{f_1} \subset U^f \qquad e \qquad U^{f_2} \subset U^f$$

concludiamo che:

$$\text{area } U^{f_1} < \text{area } U^f = 1 \qquad e \text{ area } U^{f_2} < \text{area } U^f = 1$$

quindi sia f_1 che f_2 sono funzioni sommabili *e pertanto la* funzione *data è* integrabile *anzi, addirittura* sommabile.

*Calcoliamone allora l'*integrale *utilizzando l'*operazione di limite *(4.23).*

§ 4.11 Esempi di funzioni generalmente continue

A tale scopo fissiamo come successione di plurintervalli invadente $A - E^f = [0, +\infty)$:
$$\{\overline{P}_n\} = \{[0, n]\}.$$

Si ha allora:
$$\int_{[0,+\infty]} e^{-x} \cdot \sin x \, dx = \int_0^{+\infty} e^{-x} \cdot \sin x \, dx = \lim_{n \to +\infty} \int_0^n e^{-x} \cdot \sin x \, dx = \cdots = \frac{1}{2}$$

Conclusione:

– la funzione f è integrabile, anzi, addirittura sommabile e $|area\ U^{f_1} - area\ U^{f_2}| = \frac{1}{2}$.

Esempio 4.12 *La funzione*

$$f : y = f(x) = \begin{cases} 1 & , x = 0 \\ \frac{\sin x}{x} & , x \in (0, +\infty) \end{cases}$$

ha $x_0 = +\infty$ come unico punto singolare e pertanto è:

$$E^f = \{+\infty\} \quad ed \quad \overline{A} = [0, +\infty].$$

Si tratta di una funzione generalmente continua in $\overline{A} = [0, +\infty]$ e poiché risulta

$$\begin{aligned} f(x) \geq 0 & \quad se\ è\ x \in [(2k)\pi, (2k+1)\pi] \ , k = 0, 1, 2, \ldots \\ f(x) < 0 & \quad se\ è\ x \in ((2k+1)\pi, (2k+2)\pi) \ , k = 0, 1, 2, \ldots \end{aligned}$$

f è a valori di segno qualunque.
Le funzioni f_1 e f_2, di cui la funzione f è differenza, sono:

$$\begin{aligned} f_1 : y = f_1(x) & = \frac{|f(x)| + f(x)}{2} = \\ & = \begin{cases} f(x) & , x \in [(2k)\pi, (2k+1)\pi] \ , k = 0, 1, 2, \ldots \\ 0 & , x \in ((2k+1)\pi, (2k+2)\pi) \ , k = 0, 1, 2, \ldots \end{cases} \end{aligned}$$

e

$$f_2 : y = f_2(x) = \frac{|f(x)| - f(x)}{2} =$$
$$= \begin{cases} 0 & , x \in [(2k)\pi, (2k+1)\pi] \ , k = 0, 1, 2, \ldots \\ -f(x) & , x \in ((2k+1)\pi, (2k+2)\pi) \ , k = 0, 1, 2, \ldots \end{cases}$$

Disegniamo ora il diagramma cartesiano *della* funzione f *ed i* rettangoloidi generalizzati *relativi alle* funzioni f_1 e f_2:

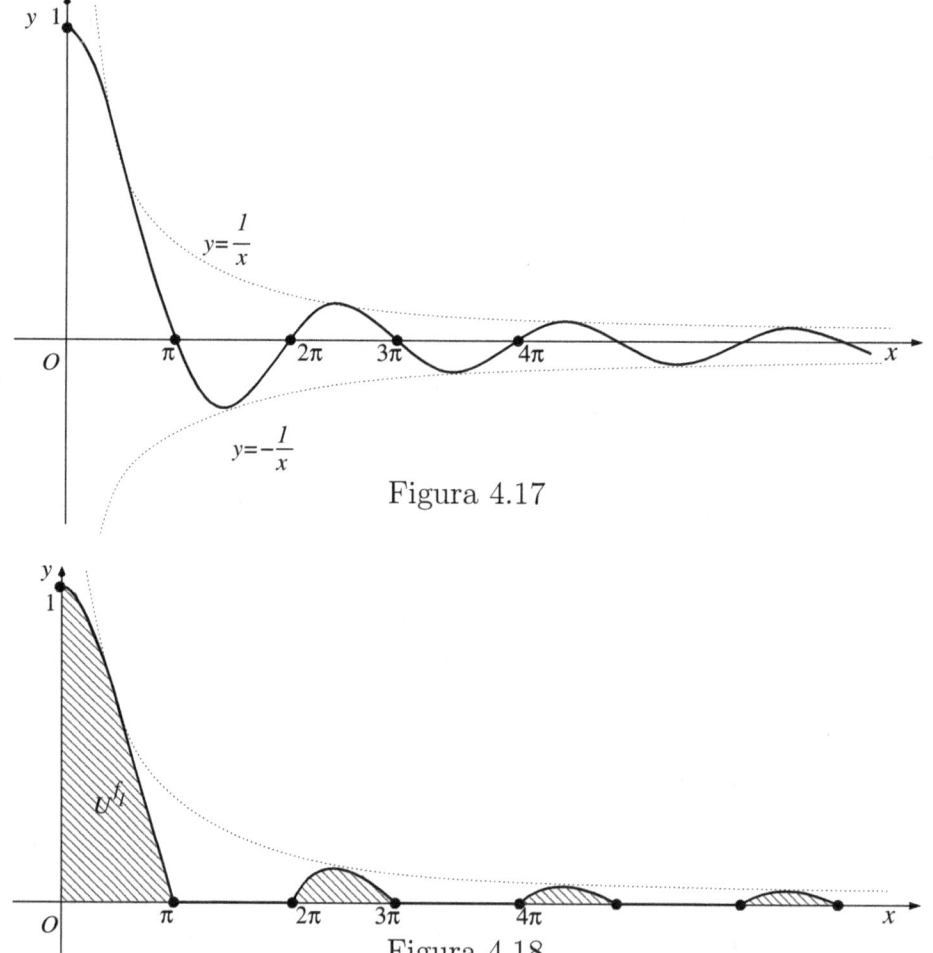

Figura 4.17

Figura 4.18

§ 4.11 Esempi di funzioni generalmente continue

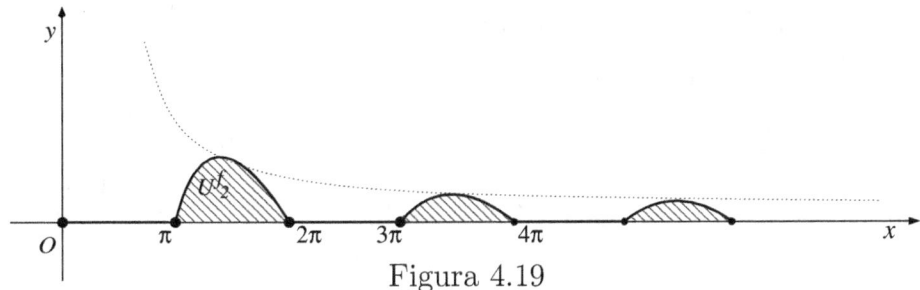
Figura 4.19

Per accertare se la funzione è integrabile, *occorre provare che* almeno una *delle due* funzioni f_1 e f_2 è sommabile.
Iniziamo dalla funzione f_1!
Fissiamo come successione di plurintervalli invadente *l'*intervallo $[0, +\infty)$:

$$\{\overline{P}_n\} = \{[0, (2n+2)\pi]\}.$$

Si ha allora:

$$\int_{\overline{P}_n} f_1(x)\,dx = \int_0^{(2n+2)\pi} \frac{\sin x}{x} dx =$$
$$= \int_0^{2\pi} \frac{\sin x}{x} dx + \cdots + \int_{2n\pi}^{(2n+2)\pi} \frac{\sin x}{x} dx =$$
$$= \text{tenendo presente il diagramma cartesiano di } f_1 =$$
$$= \int_0^\pi \frac{\sin x}{x} dx + \cdots + \int_{2k\pi}^{(2k+1)\pi} \frac{\sin x}{x} dx + \cdots + \int_{2n\pi}^{(2n+1)\pi} \frac{\sin x}{x} dx =$$
$$= \sum_{k=0}^n \int_{2k\pi}^{(2k+1)\pi} \frac{\sin x}{x} dx \quad ;$$

in definitiva possiamo scrivere:

$$\int_{\overline{P}_n} f_1(x)\,dx = \sum_{k=0}^n \int_{2k\pi}^{(2k+1)\pi} \frac{\sin x}{x} dx.$$

Poiché se $x \in (2k\pi, (2k+1)\pi)$ *risulta:*

$$\frac{\sin x}{x} > \frac{\sin x}{(2k+1)\pi},$$

dal Teorema 4.6 (Teorema del confronto) segue:

$$\int_{\overline{P}_n} f_1(x)\,dx = \sum_{k=0}^{n}\int_{2k\pi}^{(2k+1)\pi}\frac{\sin x}{x}dx > \sum_{k=0}^{n}\frac{1}{(2k+1)\pi}\cdot\int_{2k\pi}^{(2k+1)\pi}\sin x\,dx \qquad (4.29)$$

Poiché la funzione seno è periodica di periodo $T = 2\pi$, si ha:

$$\int_{2k\pi}^{(2k+1)\pi}\sin x\,dx = \int_{0}^{\pi}\sin x\,dx = 2 \qquad (4.30)$$

Tenuto conto della (4.30), dalla (4.29) segue:

$$\int_{\overline{P}_n} f_1(x)\,dx > \frac{2}{\pi}\cdot\sum_{k=0}^{n}\frac{1}{2k+1} \qquad (4.31)$$

Eseguendo l'operazione di limite per $n \to +\infty$ sui due membri della (4.31), si ha:

$$\int_{0}^{+\infty} f_1(x)dx \geq \frac{2}{\pi}\cdot\sum_{0}^{+\infty}\frac{1}{2k+1}. \qquad (4.32)$$

Siccome la serie che compare nel membro di destra della (4.32) diverge a $+\infty$, concludiamo che:

$$\int_{0}^{+\infty} f_1(x)dx = +\infty$$

e quindi che la funzione f_1 non è sommabile. Per conoscere se la funzione f è integrabile oppure no occorre indagare se la funzione f_2 è sommabile oppure no.

Con un ragionamento analogo a quello che abbiamo fatto per scoprire che la funzione f_1 è ad integrale divergente si prova che:

$$\int_{0}^{+\infty} f_2(x)dx = +\infty$$

e quindi concludiamo che la funzione f non è integrabile.

Poiché le *funzioni generalmente continue*, che interessano di più nella pratica, sono quelle *sommabili*, fissiamo l'attenzione su di esse.

4.12 Funzioni sommabili e proprietà dei loro integrali. Criteri di sommabilità

Per quanto riguarda le *proprietà degli integrali* delle *funzioni sommabili* diciamo subito che sono le *stesse* di cui godono gli *integrali delle funzioni* (integrabili) della *famiglia* $\mathfrak{F}_R$. Per ragioni di spazio non le trascriviamo qui ma invitiamo lo Studente a rileggere con attenzione il *Capitolo* 2 nel quale abbiamo parlato di esse.

Per quanto riguarda invece i *criteri di sommabilità*, cominciamo con l'enunciare un *teorema*.

Teorema 4.9 Condizione necessaria e sufficiente *affinché una* funzione f *di* dominio A, generalmente continua *nell*'intervallo chiuso $\overline{A}$, sia sommabile *in* $\overline{A}$ è che lo sia la funzione $|f|$.

Dimostrazione

Necessità - Proviamo che
Se $\int_{\overline{A}} f(x)dx = l \in \mathbb{R}$ cioè la *funzione* f è *sommabile* in $\overline{A}$,
allora
$\int_{\overline{A}} |f(x)|dx = l' \in \mathbb{R}$ cioè la *funzione* $|f|$ è anche essa *sommabile* in $\overline{A}$.

Nel *paragrafo* 4.8, a partire da una *funzione* f di *dominio* A abbiamo costruito le *funzioni* f_1 e f_2, entrambe a *valori non negativi* ed abbiamo dimostrato che se la *funzione* f è *generalmente continua* nell'*intervallo chiuso* $\overline{A}$ sono *tali* anche le *funzioni* f_1 e f_2.

Tra le quattro *funzioni*: $f, |f|, f_1, f_2$ sussistono le relazioni:

$$f = f_1 - f_2 \quad \text{e} \quad |f| = f_1 + f_2 \qquad (4.33)$$

Per la *definizione* data di

$$\int_{\overline{A}} f(x)dx \quad ,$$

supporre la *sommabilità* nell'*intervallo chiuso* $\overline{A}$ della *funzione* f equivale a supporre nello stesso *intervallo chiuso* $\overline{A}$ la *sommabilità* delle *funzioni*

f_1 e f_2, cioè che sia:

$$\int_{\overline{A}} f_1(x)dx = l_1 \in \mathbb{R} \quad \text{e} \quad \int_{\overline{A}} f_2(x)dx = l_2 \in \mathbb{R}. \qquad (4.34)$$

Ciò premesso, dalla *seconda* delle (4.33) segue:

$$\int_{\overline{A}} |f(x)|\, dx = \int_{\overline{A}} (f_1(x) + f_2(x))\, dx = \text{per il } \textit{teorema 4.4} =$$
$$= \int_{\overline{A}} f_1(x)dx + \int_{\overline{A}} f_2(x)dx = \text{per le (4.34)} = l_1 + l_2 \in \mathbb{R}$$

e quindi la *funzione* $|f|$ è *sommabile* nell'*intervallo chiuso* $\overline{A}$.

Sufficienza - Proviamo che:
Se $\int_{\overline{A}} |f(x)|\, dx = l' \in \mathbb{R}$ cioè la *funzione* $|f|$ è *sommabile* in $\overline{A}$, allora
$\int_{\overline{A}} f(x)dx = l \in \mathbb{R}$ cioè la *funzione* f è *sommabile* in $\overline{A}$.
Poiché dalla *seconda* delle (4.33) segue:

$$f_1(x) \leq |f(x)| \quad , \forall x \in \overline{A} - E^f$$

e

$$f_2(x) \leq |f(x)| \quad , \forall x \in \overline{A} - E^f$$

essendo per *ipotesi* $|f|$ *sommabile* in $\overline{A}$, per il *teorema 4.6*, si ha:

$$\int_{\overline{A}} f_1(x)dx \leq \int_{\overline{A}} |f(x)|\, dx = l'$$

e

$$\int_{\overline{A}} f_2(x)dx \leq \int_{\overline{A}} |f(x)|\, dx = l'$$

e pertanto la *prima* delle (4.33) ci permette di concludere che:

$$\int_{\overline{A}} f(x)dx = \int_{\overline{A}} (f_1(x) - f_2(x))\, dx = \int_{\overline{A}} f_1(x)dx - \int_{\overline{A}} f_2(x)dx =$$
$$= \text{per le (4.34)} = l_1 - l_2 \in \mathbb{R}$$

§ 4.12 Funzioni sommabili

e quindi la *funzione f è sommabile* nell'*intervallo chiuso* $\overline{A}$. **c.v.d.**

Il *teorema* ora dimostrato fornisce una *condizione necessaria e sufficiente* di *sommabilità* che, come d'altra parte tutte le *condizioni necessarie e sufficienti*, non è di grande utilità pratica.

Nelle situazioni concrete sono utili i *teoremi* che forniscono *condizioni* solo *sufficienti di sommabilità*.

Qui ne elencheremo *alcuni*, per brevità senza dimostrazione; nel libro "Esercizi di calcolo di integrali e studio delle funzioni integrali" li vedremo all'azione e prenderemo pratica con il loro uso.

Elenchiamo tali *teoremi*!

Teorema 4.10 *Data una* funzione f *di* dominio A, *sia* E^f *l'insieme dei suoi* punti singolari.

Se

 - *il dominio A è limitato*

 - *f è generalmente continua nell'intervallo chiuso $\overline{A}$*

 - *f è limitata*

allora

 - *f è sommabile in $\overline{A}$.*

Le funzioni che verificano le *ipotesi* di tale *teorema*, oltre che alla *famiglia* $\mathfrak{F}_G$, appartengono anche alla *famiglia* $\mathfrak{F}_R$[8] e quindi all'*insieme intersezione* delle due *famiglie*:

$$\mathfrak{F}_G \cap \mathfrak{F}_R \qquad (4.35)$$

Esse sono *integrabili secondo Riemann* per il teorema 2.6 (*criterio di integrabilità di Lebesgue-Vitali*)[9] ed *integrabili secondo la teoria* che

---

[8]Ricordiamo che nel *paragrafo* 2.2 abbiamo posto nella *famiglia* $\mathfrak{F}_R$ solo le *funzioni f limitate* aventi per *dominio* un *intervallo chiuso e limitato* $[a, b]$; nel *paragrafo* 2.7 abbiamo ampliato tale *famiglia*. Qui ci stiamo riferendo alla *famiglia* $\mathfrak{F}_R$ ampliata.

[9]L'insieme E^f dei loro *punti singolari* è infatti un *insieme L-misura nulla* in quanto è un *insieme finito*.

stiamo costruendo, per il *teorema* 4.10 che abbiamo appena enunciato. Il loro *integrale*, al pari di *quello di Riemann*, è un *numero* essendo tali *funzioni sommabili*.

Nel *paragrafo* 4.14 dimostreremo che i *due integrali*, che nelle due teorie vengono associati ad una *stessa funzione*, hanno lo *stesso valore*.

Teorema 4.11 *Data una* funzione f *di* dominio A, sia E^f *l'*insieme *dei suoi* punti singolari.
 Se

- f è generalmente continua *nell'*intervallo chiuso $\overline{A}$

- B è *un qualunque* sottoinsieme *di* A *tale che* $\overline{B}$ *sia un* intervallo chiuso contenuto *in* $\overline{A}$: $\overline{B} \subset \overline{A}$

allora

- *se* f è sommabile *nell'*intervallo chiuso $\overline{A}$ *anche la sua* restrizione *di* dominio B è sommabile *nell'*intervallo chiuso $\overline{B}$.

- *se invece esiste una* restrizione *di* f *avente per* dominio *un* sottoinsieme B *di* A *tale che in* $\overline{B}$ *essa* non è sommabile, *allora neanche* f è sommabile *in* $\overline{A}$.

Teorema 4.12 *Date due* funzioni f e g *di* dominio A, siano E^f ed E^g *gli* insiemi *dei loro* punti singolari.
 Se

- f è generalmente continua *nell'*intervallo chiuso $\overline{A} = A \cup E^f$

- g è generalmente continua *nell'*intervallo chiuso $\overline{A} = A \cup E^g$

- $\forall x \in A - (E^f \cup E^g)$ \qquad risulta \qquad $|f(x)| \leq |g(x)|$

allora

- *se* g è sommabile *in* $\overline{A}$, *lo* è pure f

- *se* f non è sommabile *in* $\overline{A}$, non *lo* è neppure g.

§ 4.12 Funzioni sommabili

Da tale *teorema*, tenendo presenti le *funzioni* esaminate negli *esempi* 4.5 e 4.6, ne seguono *altri* che forniscono delle comode *condizioni sufficienti di sommabilità*.

Tali *teoremi* prendono in considerazione *funzioni generalmente continue* aventi un *solo punto singolare* x_0 che può appartenere al *dominio A* della *funzione* oppure *no*.

Se $x_0 \notin A$ può essere poi un *numero* oppure $\pm\infty$.

Siccome in ogni caso l'*insieme*:

$$\overline{A} = A \cup E^f = A \cup \{x_0\}$$

deve essere un *intervallo chiuso*, i *casi* possibili sono *tre*:

- se $x_0 \in \mathbb{R}$ allora $\overline{A} = [a, b]$

- se $x_0 = +\infty$ allora $\overline{A} = [a, +\infty]$

- se $x_0 = -\infty$ allora $\overline{A} = [-\infty, b]$

Nel *primo caso* poi, x_0 può essere o un *punto interno* ad $[a, b]$ oppure un *estremo* di esso:

$$A = [a, x_0) \cup (x_0, b] \quad , \quad A = (x_0, b] \quad , \quad A = [a, x_0)$$

e la *funzione f* può essere *limitata* o *illimitata*.

Se f è *limitata*, per il *teorema* 4.10 è *sommabile*; se invece è *illimitata*, i tre *teoremi* seguenti ci forniscono tre *condizioni sufficienti di sommabilità*. Di volta in volta si sceglie quello dei tre che è piú comodo da usare nel caso in esame.

Enunciamoli!

Teorema 4.13 *Data una* funzione f *generalmente continua in un intervallo* $[a, b]$ *sia* $x_0 \in [a, b]$ *il suo unico punto singolare.*
Se
$\forall x \in [a, b] - \{x_0\}$ *si ha*:

$$|f(x)| \leq \frac{M}{|x - x_0|^\alpha} \quad , \quad \text{con } M > 0 \ e \ 0 < \alpha < 1$$

allora
la funzione f è sommabile *in* $[a,b]$.
  Se invece
$\forall x \in [a,b] - \{x_0\}$ *si ha:*

$$|f(x)| \geq \frac{M}{|x-x_0|^\alpha} \quad , \quad con\ M > 0\ e\ \alpha \geq 1$$

allora
la funzione f non è sommabile *in* $[a,b]$.

Teorema 4.14 *Data una* funzione f generalmente continua *in un* intervallo $[a,b]$ *sia* $x_0 \in [a,b]$ *il suo* unico punto singolare.
  Se
la funzione f per $x \to x_0$ è *un* infinito di ordine *(determinato)* $\alpha < 1$ rispetto all'infinito campione:

$$g: y = g(x) = \frac{1}{|x-x_0|} \quad , \quad x \in [a,b] - \{x_0\}$$

cioè se

$$\lim_{x \to x_0} \frac{|f(x)|}{g(x)^\alpha} = \lim_{x \to x_0} (|x-x_0|^\alpha \cdot |f(x)|) = l \in (0, +\infty)$$

allora
la *funzione* f è sommabile *in* $[a,b]$; non lo è *se l'*ordine d'infinito è $\alpha \geq 1$.

Tale *teorema* nulla dice circa la *sommabilità* di f in $[a,b]$ se f per $x \to x_0$ *non* è un *infinito di ordine determinato* rispetto all'*infinito campione* g.
  In tale situazione ci può essere di aiuto quest'altro *teorema*.

Teorema 4.15 *Data una* funzione f generalmente continua *in un* intervallo $[a,b]$ *sia* $x_0 \in [a,b]$ *il suo* unico punto singolare.
  Se
per un certo $\alpha < 1$ *risulta* $\lim_{x \to x_0} (|x-x_0|^\alpha \cdot |f(x)|) = 0$

§ 4.12 Funzioni sommabili

allora
la funzione f è sommabile in $[a,b]$.

Se invece
per un certo $\alpha \geq 1$ risulta $\lim\limits_{x \to x_0} (|x - x_0|^\alpha \cdot |f(x)|) = +\infty$
allora
la funzione f non è sommabile in $[a,b]$.

Nel *secondo* e *terzo caso* si ha rispettivamente:

$$\overline{A} = [a, +\infty] \quad \text{e} \quad \overline{A} = [-\infty, b]$$

e questi altri *tre teoremi* ci forniscono *tre condizioni sufficienti di sommabilità*.

Teorema 4.16 *Data una funzione f generalmente continua in un intervallo illimitato del tipo $[a, +\infty]$ oppure $[-\infty, b]$, sia rispettivamente $x_0 = +\infty$ e $x_0 = -\infty$ il suo unico punto singolare.*
Se
$\forall x \in [a, +\infty)$ *oppure* $\forall x \in (-\infty, b]$ *si ha:*

$$|f(x)| \leq \frac{M}{|x|^\alpha} \quad \text{con } M > 0 \text{ ed } \alpha > 1$$

allora
la funzione f è sommabile in $[a, +\infty]$ e $[-\infty, b]$ rispettivamente.

Se invece
$\forall x \in [a, +\infty)$ *oppure* $\forall x \in (-\infty, b]$ *si ha:*

$$|f(x)| \geq \frac{M}{|x|^\alpha} \quad \text{con } M > 0 \text{ ed } \alpha \leq 1$$

allora
la funzione f non è sommabile in $[a, +\infty]$ e $[-\infty, b]$ rispettivamente.

Teorema 4.17 *Data una funzione f generalmente continua in un intervallo illimitato del tipo $[a, +\infty]$ oppure $[-\infty, b]$, sia rispettivamente $x_0 = +\infty$ e $x_0 = -\infty$ il suo unico punto singolare.*

Se
la funzione f per $x \to \pm\infty$ *(rispettivamente)* è *un* infinitesimo di ordine *(determinato)* $\alpha > 1$ *rispetto all'*infinitesimo campione*:*

$$g : y = g(x) = \frac{1}{|x|} \quad , \quad x \in [a, +\infty) \; \text{oppure} \; x \in (-\infty, b]$$

cioè se

$$\lim_{x \to \pm\infty} \frac{|f(x)|}{g(x)^\alpha} = \lim_{x \to \pm\infty} (|x|^\alpha \cdot |f(x)|) = l \in (0, +\infty)$$

allora
la funzione f è sommabile *in* $[a, +\infty]$ *e* $[-\infty, b]$ *rispettivamente;* non lo è *se l'*ordine d'infinitesimo *è* $\alpha \leq 1$.

Analogamente al *teorema* 4.14, tale *teorema* nulla dice circa la *sommabilità* di f in $[a, +\infty]$ e $[-\infty, b]$ rispettivamente, se f per $x \to \pm\infty$ *non è* un *infinitesimo di ordine determinato* rispetto all'*infinitesimo campione* g.

In tale situazione ci può essere di aiuto quest'altro *teorema*.

Teorema 4.18 *Data una* funzione f generalmente continua *in un intervallo illimitato del tipo* $[a, +\infty]$ *oppure* $[-\infty, b]$, *sia rispettivamente* $x_0 = +\infty$ *e* $x_0 = -\infty$ *il suo* unico punto singolare*.*
  Se
  per un certo $\alpha > 1$ *risulta* $\lim\limits_{x \to \pm\infty} (|x|^\alpha \cdot |f(x)|) = 0$
  allora
  la funzione f è sommabile *in* $[a, +\infty]$ *e* $[-\infty, b]$ *rispettivamente.*

  Se invece
  per un certo $\alpha \leq 1$ *risulta* $\lim\limits_{x \to \pm\infty} (|x|^\alpha \cdot |f(x)|) = +\infty$
  allora
  la funzione f non è sommabile *in* $[a, +\infty]$ *e* $[-\infty, b]$ *rispettivamente.*

I *sei teoremi* enunciati forniscono *condizioni sufficienti* di *sommabilità* per *funzioni generalmente continue* aventi *un solo punto singolare*.

§ 4.12 Funzioni sommabili

Per poterli utilizzare nel riconoscere se una *funzione generalmente continua* in un *intervallo limitato* o *illimitato* $\overline{A}$ avente *m punti singolari*: $x_1, x_2, \ldots, x_m$[10] è *sommabile*, si procede così:

1. Si suddivide l'*intervallo chiuso* $\overline{A}$ in *m intervallo chiusi*: $\overline{A}_1, \overline{A}_2, \ldots \ldots, \overline{A}_m$, in modo tale che:

    (a) $\overline{A} = \overline{A}_1 \cup \overline{A}_2 \cup \cdots \cup \overline{A}_m$

    (b) due *intervalli consecutivi* abbiano un *estremo comune*

    (c) a *ciascuno* degli *intervalli* $\overline{A}_1, \overline{A}_2, \ldots, \overline{A}_m$ appartenga *uno solo* dei *punti singolari* $x_1, x_2, \ldots, x_m$

2. Si considerano la *m restrizioni* di *f generalmente continue* in $\overline{A}_1, \overline{A}_2, \ldots, \overline{A}_m$

3. Con qualcuno dei *criteri* esposti si indaga se ciascuna delle *m restrizioni* è *sommabile*

  - Se *tutte* le *m restrizioni* sono *sommabili*, allora anche la *funzione f* lo è e risulta:

    $$\int_{\overline{A}} f(x)dx = \text{per il } teorema\ 4.3\ (teorema\ dell'additività) =$$
    $$= \int_{\overline{A}_1} f(x)dx + \int_{\overline{A}_2} f(x)dx + \cdots + \int_{\overline{A}_m} f(x)dx$$

  - Se *qualcuna* delle *m restrizioni non* è *sommabile*, per il *teorema 4.11, neanche* la *funzione f* lo è.

Per fissare i *criteri enunciati*, facciamo alcuni esempi.

---

[10]Se il *dominio A* della *funzione f* è *illimitato inferiormente* allora è $x_1 = -\infty$ ed $\overline{A}_1 = [-\infty, b_1]$ con $b_1 < x_2$; se invece è *illimitato superiormente*, allora è $x_m = +\infty$ e $\overline{A}_m = [a_m, +\infty]$ con $a_m > x_{m-1}$.

4.13 Uso dei teoremi enunciati per riconoscere la sommabilità di una funzione

Diamo degli *esempi* di *funzioni generalmente continue* e riconosciamo se sono o no *sommabili* servendoci di *qualcuno* dei *teoremi* enunciati nel *paragrafo* precedente.

Esempio 4.13 *La funzione*

$$f : y = f(x) - \frac{\arctan \frac{1}{x}}{\sqrt[5]{x^3}} \quad , \quad x \in A = (0, 1]$$

ha $x_0 = 0$ come unico punto singolare e pertanto è:

$$E^f = \{0\} \quad ed \quad \overline{A} = [0, 1]$$

Si tratta di una funzione generalmente continua *in $\overline{A} = [0, 1]$ a valori non negativi e pertanto è* integrabile *in $\overline{A}$.*

Per vedere se è sommabile, *utilizziamo il teorema 4.13.*
Si ha:

$$|f(x)| = f(x) = \frac{\arctan \frac{1}{x}}{\sqrt[5]{x^3}} < \frac{\frac{\pi}{2}}{x^{\frac{3}{5}}}.$$

Nel caso in esame è $M = \frac{\pi}{2}$ ed $\alpha = \frac{3}{5} < 1$ quindi tale funzione è sommabile.

Se avessimo utilizzato il teorema 4.14, saremmo pervenuti con più facilità alla stessa conclusione.
Si ha infatti:

$$\lim_{x \to 0^+} (|x - 0|^\alpha \cdot |f(x)|) = \lim_{x \to 0^+} \left(x^\alpha \cdot \frac{\arctan \frac{1}{x}}{x^{\frac{3}{5}}} \right) =$$
$$= \lim_{x \to 0^+} \left(x^{\alpha - \frac{3}{5}} \cdot \arctan \frac{1}{x} \right) =$$
$$= \frac{\pi}{2} \quad per \; \alpha = \frac{3}{5}$$

§ 4.13 Uso dei teoremi sulla sommabilità

Esempio 4.14 *La funzione*

$$f : y = f(x) = \sqrt{\frac{1 + \tan^2 x}{x^3}} \quad , \quad x \in A = \left(0, \frac{\pi}{2}\right)$$

ha due punti singolari $x_1 = 0$ e $x_2 = \frac{\pi}{2}$ *e pertanto è:*

$$E^f = \left\{0, \frac{\pi}{2}\right\} \quad ed \quad \overline{A} = \left[0, \frac{\pi}{2}\right]$$

Si tratta di una funzione generalmente continua *in* $\overline{A} = [0, \frac{\pi}{2}]$ a valori non negativi *e pertanto è* integrabile.

Per scoprire se è sommabile, *avendo* f due punti singolari, *consideriamo le* due restrizioni *di essa* generalmente continue *in* $\overline{A}_1 = [0, \frac{\pi}{4}]$ ed $\overline{A}_2 = [\frac{\pi}{4}, \frac{\pi}{2}]$.

Se entrambe sono sommabili, *anche la* funzione f *lo è.*

Per quanto riguarda la prima restrizione, *utilizzando il* teorema *4.13 si ha:*

$$|f(x)| = f(x) = \sqrt{\frac{1 + \tan^2 x}{x^3}} < \frac{\sqrt{1 + 1^2}}{x^{\frac{3}{2}}} = \frac{\sqrt{2}}{x^{\frac{3}{2}}} \quad , \forall x \in \left(0, \frac{\pi}{4}\right]$$

Essendo $\alpha = \frac{3}{2} > 1$, *tale* restrizione non è sommabile *e quindi la* funzione f non è sommabile *indipendentemente dal fatto che* lo sia *oppure* no *l'altra restrizione.*

Esempio 4.15 *la funzione*

$$f : y = f(x) = e^{\frac{1}{x}} \quad , x \in A = (0, 1]$$

ha $x_0 = 0$ come unico punto singolare *e pertanto è:*

$$E^f = \{0\} \quad ed\ \overline{A} = [0, 1].$$

Si tratta di una funzione generalmente continua *in* $\overline{A} = [0, 1]$ *a* valori non negativi *e pertanto è* integrabile *in* $\overline{A}$.

220   Capitolo 4. Integrazione di funzioni generalmente continue

Trattandosi di una funzione *che per* $x \to 0^+$ *è un* infinito senza ordine determinato *perché di* ordine superiore rispetto ad ogni potenza dell'infinito campione:

$$g : y = g(x) = \frac{1}{|x-0|} \quad , \quad x \in [0,1] - \{0\} = (0,1] \quad ,$$

per scoprire se f *è sommabile utilizziamo il* teorema *4.15*.

Poiché si ha:

$$\lim_{x \to 0^+} \left(x \cdot e^{\frac{1}{x}} \right) = +\infty$$

la funzione non è sommabile.

In questo caso, "quel certo α*" di cui parla il* teorema *4.15, che abbiamo utilizzato, è* $\alpha = 1$.

Qui ci fermiamo con gli esempi. Nel libro "Esercizi di calcolo di integrali e funzioni integrali" ne faremo tanti per cui lo Studente acquisterà dimestichezza con l'uso dei *criteri sufficienti di sommabilità*.

Ora che abbiamo terminato l'esposizione della *teoria dell'integrazione per le funzioni generalmente continue*, controlliamo se il "procedimento d'associazione" adottato soddisfa il *vincolo* per esso richiesto nel *paragrafo 4.1*.

Solo se lo verifica, il "procedimento d'associazione" è *accettabile*, altrimenti va modificato perché il *vincolo* posto è *irrinunciabile*.

Andiamo a vedere!

4.14   Verifica dell'accettabilità del "procedimento di associazione" adottato e coordinamento tra le due teorie dell'integrazione

Nel *paragrafo 4.1* abbiamo constatato che:

§ 4.14 Accettabilità del procedimento di associazione

1. Le due *famiglie* di *funzioni* $\mathfrak{F}_G$ e $\mathfrak{F}_R$ hanno elementi comuni e quindi l'*insieme intersezione* di essi *non è vuoto*:

$$\mathfrak{F}_G \cap \mathfrak{F}_R \neq \emptyset \tag{4.1}$$

2. Tutte le *funzioni* appartenenti all'*insieme* (4.1) sono *integrabili secondo Riemann*.

Sempre nel *paragrafo* 4.1 abbiamo posto per il "procedimento di associazione" della *teoria dell'integrazione* che volevamo costruire, un *vincolo* articolato in *tre punti* a., b., c..

Vogliamo qui mostrare che il "procedimento di associazione" scelto, verifica i *tre punti* del *vincolo* posto.

Il *punto* a. è *verificato* come conseguenza del *teorema* 4.10; *tutte le funzioni* appartenenti infatti all'*insieme* (4.1) non solo sono *integrabili*, ma addirittura *sommabili*.

Il *punto* c. è verificato perché, come abbiamo detto nel *paragrafo* 4.12, le *proprietà degli integrali* delle *funzioni sommabili* sono le *stesse* di cui godono gli *integrali delle funzioni* (integrabili) della *famiglia* $\mathfrak{F}_R$.

Che anche il *punto* b. è *verificato*, lo proviamo così:
Data una *funzione* $f \in \mathfrak{F}_G \cap \mathfrak{F}_R$, sia A il suo *dominio* ed E^f l'*insieme* dei suoi *punti singolari*.

Denotiamo rispettivamente con

$$\int_{\underline{A}}^{G} f(x)dx \qquad \text{e} \qquad \int_{\underline{A}}^{R} f(x)dx \tag{4.36}$$

i *due integrali* che ad essa associano i due "procedimenti di associazione" usati nelle *due teorie* dell'*integrazione*.

Dobbiamo provare che i *due integrali* (4.36) sono *uguali*.

A tale scopo ragioniamo così:
Fissiamo una *qualunque successione* $\{\overline{P}_n\}$ di *plurintervalli invadente* $A - E^f$ e consideriamo l'*integrale*

$$\int_{\overline{P}_n}^{R} f(x)dx.$$

Si ha:

$$\left|\int_{\underline{A}}^{R} f(x)dx - \int_{\overline{P}_n}^{R} f(x)dx\right| = \left|\int_{\overline{A}-\overline{P}_n}^{R} f(x)dx\right| \leq \text{ per la (2.14)} \leq$$

$$\leq \int_{\overline{A}-\overline{P}_n}^{R} |f(x)|dx \leq$$
$$\leq \sup|f| \cdot \text{mis}\left(\overline{A} - \overline{P}_n\right) =$$
$$= \sup|f| \cdot \text{mis}\left(A - \overline{P}_n\right)$$

da cui segue

$$\left|\int_{\underline{A}}^{R} f(x)dx - \int_{\overline{P}_n}^{R} f(x)dx\right| \leq \sup|f| \cdot \text{mis}\left(A - \overline{P}_n\right) \qquad (4.37)$$

Poiché $\{\overline{P}_n\}$ è una *successione di plurintervalli invadente* $A - E^f$ si ha:

$$\lim_{n \to +\infty} \text{mis}(A - \overline{P}_n) = 0 \qquad (4.38)$$

Per la (4.38), se eseguiamo l'*operazione di limite* per $n \to +\infty$ su *ambo i membri* della (4.37), otteniamo:

$$\lim_{n \to +\infty} \left|\int_{\underline{A}}^{R} f(x)dx - \int_{\overline{P}_n}^{R} f(x)dx\right| = 0 \quad . \qquad (4.39)$$

Dalla (4.39) segue

$$\lim_{n \to +\infty} \left(\int_{\underline{A}}^{R} f(x)dx - \int_{\overline{P}_n}^{R} f(x)dx\right) = 0$$

e quindi

$$\lim_{n \to +\infty} \int_{\overline{P}_n}^{R} f(x)dx = \int_{\underline{A}}^{R} f(x)dx \qquad (4.40)$$

§ 4.15 Relazione tra teorie dell'integrazione

Poiché per il *teorema* 4.1 si ha che

$$\lim_{n\to+\infty} \int_{\overline{P}_n}^{R} f(x)dx = \int_{A}^{G} f(x)dx \quad ,$$

per l'*unicità del limite* delle *successioni*, i due *integrali* (4.36) sono *uguali*.

c.v.d.

Anche il *punto* b. del *vincolo posto* è quindi *verificato*; il "procedimento di associazione" fissato è pertanto *accettabile*.

Concludendo:

– È nata una *nuova teoria dell'integrazione* che chiamiamo: Teoria dell'Integrazione delle Funzioni generalmente continue.

Per fissare le idee, vediamo che *relazione* c'è tra la *teoria dell'integrazione che abbiamo appena costruito* e quella di *Riemann* che abbiamo esposto nel *Capitolo 2*.

4.15 Relazione tra le due teorie dell'integrazione

Onde evitare un "fiume di parole", affidiamoci alla lettura dei *diagrammi di Venn* delle *famiglia* $\mathfrak{F}_G$ e $\mathfrak{F}_R$,

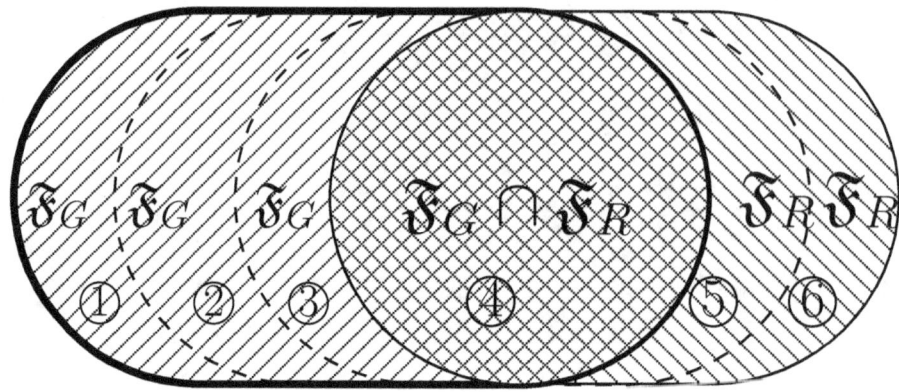

Figura 4.20

- Gli *insiemi* denotati con i simboli ①, ②, ③ e ④ costituiscono una *partizione*[11] della *famiglia* $\mathfrak{F}_G$:

$$\mathfrak{F}_G = ① \cup ② \cup ③ \cup ④$$

- Gli *insiemi* denotati con i simboli ④, ⑤ e ⑥ costituiscono una *partizione* della *famiglia* $\mathfrak{F}_R$:

$$\mathfrak{F}_R = ④ \cup ⑤ \cup ⑥$$

Vediamo ora che caratteristiche hanno le *funzioni* che appartengono ai *distinti insiemi* ①, ②, ③, ④, ⑤ e ⑥.

Le *funzioni* $f \in$ ① sono *generalmente continue* e *non integrabili* quindi necessariamente sono funzioni a valori di segno qualunque.

Le *funzioni* $f \in$ ② sono *generalmente continue* ed *integrabili* ad *integrale divergente* a $\pm\infty$.

---

[11]La definizione di *partizione* sta nel *paragrafo* 1.1. La *partizione* di $\mathfrak{F}_G$ qui considerata è diversa da *quella presa in esame* nel *paragrafo* 4.2.

Là, la *famiglia* $\mathfrak{F}_G$ è ripartita in *sottofamiglie* che successivamente abbiamo citato come: *prima sottofamiglia, seconda sottofamiglia* e *terza sottofamiglia*, i cui *elementi* sono rispettivamente le *funzioni*: *a valori non negativi, a valori non positivi* ed *a valori di segno qualunque*.

§ 4.15 Relazione tra teorie dell'integrazione   225

Le *funzioni* $f \in$ ③ sono *generalmente continue, sommabili* ed hanno illimitato o il *dominio* o il *codominio* o *entrambi*.

Le *funzioni* $f \in$ ④ sono *integrabili* secondo le *due teorie* dell'integrazione ed i loro *integrali coincidono* [12]

Le *funzioni* $f \in$ ⑤ sono *integrabili secondo Riemann*; non appartengono all'*insieme* ④ perché l'*insieme E^f* dei loro *punti singolari non è finito*.

Le *funzioni* $f \in$ ⑥ *non sono integrabili secondo Riemann* perché l'*insieme E^f* dei loro *punti singolari non è L-misura nulla*.

Ora che abbiamo visto in dettaglio come sono legate le due *teorie dell'integrazione* che abbiamo esposto, avendo le due *famiglie* $\mathfrak{F}_G$ e $\mathfrak{F}_R$ *elementi comuni* ed essendo il "procedimento d'associazione" della *teoria dell'integrazione delle funzioni generalmente continue* intimamente legato alla *teoria dell'integrazione di Riemann*, possiamo riguardare la *prima* come un "ampliamento" di quest'ultima.

Restano ancora due questioni da trattare:

1. Come si riconosce l'*integrabilità* delle *funzioni generalmente continue* senza ricorrere alla *definizione*.

2. Dare una *risposta* alla *domanda* che ci siamo posti alla fine del *paragrafo* 4.10.

Andiamo in ordine nella nostra trattazione!

---

[12] Le *funzioni* $f \in$ ④, riguardate come *funzioni* di $\mathfrak{F}_G$ sono *integrabili*, perché verificano le *ipotesi* del *teorema* 4.10, riguardate come funzioni di $\mathfrak{F}_R$, sono *integrabili* perché l'*insieme E^f* dei loro *punti singolari* è L-*misura nulla* in quanto è un *insieme finito*.

4.16 Come si riconosce se una funzione generalmente continua è integrabile

Assegnata una *funzione f generalmente continua* in un *intervallo chiuso* (limitato o illimitato) $\overline{A}$, per riconoscere se è *integrabile* e come caso particolare *sommabile* si procede così:

1. Riconoscere a quale delle tre *sottofamiglie* in cui nel *paragrafo 4.2* abbiamo ripartito la famiglia $\mathfrak{F}_G$, la *funzione f* appartiene.

2. Servirsi di qualcuno dei *criteri* elencati nel *paragrafo 4.12* per riconoscere se f è *sommabile*.

    Se f è *sommabile*:

    - il suo *integrale* si calcola mediante l'*operazione di limite* (4.23); la *funzione f* è quindi un *elemento* dell'*insieme* ③∪④

    Se f *non è sommabile*:

    - qualora appartenga alla *prima* o alla *seconda sottofamiglia* di $\mathfrak{F}_G$ è *integrabile ad integrale divergente* rispettivamente a $\pm\infty$; la *funzione f* è quindi un *elemento* dell'*insieme* ②

    - qualora appartenga invece alla *terza sottofamiglia* di $\mathfrak{F}_G$ può essere

        - *integrabile* ad *integrale divergente* a $\pm\infty$ quindi è un *elemento* dell'*insieme* ②
        - *non integrabile* quindi è un *elemento* dell'*insieme* ①

    Per poter *decidere* quale delle *due possibilità* si *verifica*, si costruiscono le *funzioni* f_1 e f_2 (vedere *paragrafo 4.8*) di cui la *funzione f* è *differenza*.

    Se una delle due *funzioni* f_1 e f_2 è *sommabile*[13] allora la *funzione f* è *integrabile ad integrale divergente* a $\pm\infty$; la *funzione f* quindi è un *elemento* dell'*insieme* ②.

---

[13] Non può accadere che *entrambe* le *funzioni* f_1 e f_2 siano *sommabili*, altrimenti lo sarebbe anche la *funzione f*.

§ 4.17 *Funzioni generalmente continue non integrabili* 227

Se *nessuna* delle *due funzioni* f_1 e f_2 è *sommabile* allora la *funzione f non è integrabile*; la *funzione f* quindi è un *elemento* dell'*insieme* ①.

Naturalmente per vedere se una delle *funzioni* f_1 e f_2 è *sommabile* ci si può servire dei *criteri* elencati nel *paragrafo* 4.12.

Quanto abbiamo detto in questo *paragrafo* è di vitale importanza pratica. Per ragioni di spazio non poniamo esercizi. Nel libro "Esercizi di calcolo di integrali e studio delle funzioni integrali" ne porremo tanti che necessariamente lo Studente acquisterà familiarità con essi.

Per il momento quello che ci interessa è che lo Studente abbia chiara l' "architettura" del discorso.

Per terminare rispondiamo alla domanda che ci siamo posti alla fine del *paragrafo* 4.10.

Ripetiamola in termini più espliciti.

Domanda 4.1 *Sia data una* funzione *f di* dominio *A, di cui* E^f *è l'*insieme *dei suoi* punti singolari, generalmente continua *e* non integrabile *in* $\overline{A}$.

Se fissiamo una successione di plurintervalli $\{\overline{P}_n\}$ invadente $A - E^f$ *ed eseguiamo l'*operazione di limite*:*

$$\lim_{n \to +\infty} \int_{\overline{P}_n} f(x)dx \qquad (4.23)$$

quale sarà il risultato di tale operazione?

Andiamo a vedere!

4.17 Funzioni generalmente continue non integrabili e loro integrali impropri (o generalizzati)

La *domanda* 4.1 riguarda le *funzioni generalmente continue* che appartengono al *sottoinsieme* ① della *partizione* che nel *paragrafo* 4.15 abbiamo fatto della *famiglia* $\mathfrak{F}_G$.

228   Capitolo 4. Integrazione di funzioni generalmente continue

Dal fatto che le *funzioni* $f \in \text{①}$ sono a *valori di segno qualunque* segue che esse *non godono* della *proprietà* (4.7).

Se prendiamo allora una qualunque *funzione* $f \in \text{①}$, detto A il suo *dominio*, E^f l'*insieme dei suoi punti singolari* e Φ la *famiglia* dei *plurintervalli* P contenuti in $A - E^f$, si ha che:

$$\forall P, P' \in \Phi \quad \text{da} \quad P \subset P' \quad \text{non segue} \quad \int_P f(x)dx \leq \int_{P'} f(x)dx \qquad (4.41)$$

La (4.41) ci permette di asserire:

- Comunque si fissi una *successione* $\{\overline{P}_n\}$ di *plurintervalli invadente* l'*insieme* $A - E^f$, la *successione numerica*

$$\left\{ \int_{\overline{P}_n} f(x)dx \right\} \qquad (4.42)$$

ad essa corrispondente *non è monotòna*.

Poichè le *successioni* (numeriche) *monotòne* sono le *uniche* delle quali si può a-priori essere certi dell'*esistenza del limite*, non essendo la *successione* (4.42) *monotòna* non è detto quindi che esista

$$\lim_{n \to +\infty} \int_{\overline{P}_n} f(x)dx \quad . \qquad (4.43)$$

Se tale *limite esiste*, il suo *valore* in generale *varia* al variare della *successione* $\{\overline{P}_n\}$ usata per costruire la *successione numerica* (4.42). Ad esso si dà il nome di *integrale improprio* (o *generalizzato*) della *funzione* f in $\overline{A}$ relativo alla successione $\{\overline{P}_n\}$ e si denota con il simbolo:

$$\overset{(\{\overline{P}_n\})}{\int_{\overline{A}}} f(x)dx \qquad (4.44)$$

per ricordare la dipendenza dalla *successione* $\{\overline{P}_n\}$ usata per calcolarlo.

Se l'*integrale* (4.44) è un *numero*, si suol dire che l'*integrale improprio relativo* alla *successione* $\{\overline{P}_n\}$ è *convergente* altrimenti che è *divergente* a $\pm\infty$.

§ 4.17 Funzioni generalmente continue non integrabili

In base alla *definizione* data, ad ogni *funzione f generalmente continua* in un *intervallo chiuso* $\overline{A}$, se non è *integrabile* in $\overline{A}$, restano associati *infiniti integrali impropri*.

Si può infatti dimostrare il seguente *teorema* che è l'analogo del *teorema di Riemann-Dini* per le *serie numeriche*[14]:

Teorema 4.19 *Data una* funzione f *di* dominio A *ed* insieme di punti singolari E^f, generalmente continua *in* $\overline{A}$, *comunque si fissi un* numero reale α *oppure* $\pm\infty$ *è sempre possibile trovare* almeno *una* successione $\{\overline{P}_n\}$ *di* plurintervalli invadente $A - E^f$ *tale che:*

$$\lim_{n\to+\infty} \int_{\overline{P}_n} f(x)dx = \begin{cases} \alpha \\ +\infty \\ -\infty \end{cases}$$

L'utilità del concetto di *integrale improprio* si manifesta quando in un *determinato problema* sia necessaria la considerazione del *limite*:

$$\lim_{n\to+\infty} \int_{\overline{P}_n} f(x)dx$$

su una *particolare successione* evidenziata dal problema stesso.

Diciamo a titolo di notizia che di tutte le *proprietà* degli *integrali* delle *funzioni sommabili*, l'unica che gli *integrali impropri* conservano, è la *proprietà distributiva* che rienunciamo di nuovo.

Proprietà distributiva

Assegnate n funzioni $f_1, f_2, \ldots, f_n$ generalmente continue *in un* medesimo intervallo (*limitato o illimitato*) chiuso $\overline{A}$, *se tutte sono dotate di* integrale improprio finito *in* $\overline{A}$, *relativo alla* medesima successione di plurintervalli $\{\overline{P}_n\}$ allora comunque si assegnino n costanti: $c_1, c_2, \ldots, c_n$, *anche la* funzione combinazione lineare:

$$c_1 f_1 + c_2 f_2 + \cdots + c_2 f_n = \sum_{k=1}^{n} c_k f_k$$

---

[14] Vedere il libro "Successioni e serie numeriche", paragrafo 2.20.

è dotata di integrale improprio *in $\overline{A}$ rispetto alla* medesima successione $\{\overline{P}_n\}$ *e risulta*

$$\int_{\overline{A}} \left(\sum_{k=1}^{n} c_k f_k \right) = \sum_{k=1}^{n} c_k \int_{\overline{A}} f_k(x) dx \quad . \tag{4.45}$$

Per fissare il concetto di *integrale improprio* facciamo due *esempi*.

Esempio 4.16 *Riprendiamo in esame la* funzione *dell'esempio 4.12:*

$$f : y = f(x) = \begin{cases} 1 & , x = 0 \\ \frac{\sin x}{x} & , x \in (0, +\infty) \end{cases}$$

che ha $x_0 = +\infty$ come unico *punto singolare e pertanto è:*

$$E^f = \{+\infty\} \quad ed \ \overline{A} = [0, +\infty].$$

È una funzione generalmente continua*in $\overline{A} = [0, +\infty]$ e sappiamo che non è integrabile.*

*Vediamo se è dotata dell'*integrale improprio *relativo alla* successione di intervalli:

$$\{\overline{P}_n\} = \{[0, n]\}$$

invadente $A - E^f = [0, +\infty)$.

Si ha allora:

$$\int_{\overline{P}_n} f(x) dx = \int_{[0,n]} \frac{\sin x}{x} dx = \int_0^n \frac{\sin x}{x} = integrando\ per\ parti =$$

$$= \frac{1 - \cos n}{n} + \int_0^n \frac{1 - \cos x}{x^2} dx$$

Eseguendo l'operazione di limite per $n \to +\infty$ sui due membri dell'uguaglianza:

$$\int_0^n \frac{\sin x}{x} dx = \frac{1 - \cos n}{n} + \int_0^n \frac{1 - \cos x}{x^2} dx$$

§ 4.17 Funzioni generalmente continue non integrabili

si ha:

$$\int_0^{+\infty} \frac{\sin x}{x}dx = \lim_{n\to+\infty} \frac{1-\cos n}{n} + \lim_{n\to+\infty} \int_0^n \frac{1-\cos x}{x^2}dx$$

da cui segue

$$\int_0^{+\infty} \frac{\sin x}{x}dx = \lim_{n\to+\infty} \int_0^n \frac{1-\cos x}{x^2}dx.$$

Poiché la funzione

$$g : y = g(x) = \frac{1-\cos x}{x^2}, x \in A = (0, +\infty)$$

è sommabile in $\overline{A} = [0, +\infty]$ *quindi*

$$\lim_{n\to+\infty} \int_0^n \frac{1-\cos x}{x^2}dx = \int_0^{+\infty} \frac{1-\cos x}{x^2}dx = un\ numero,$$

concludiamo che la funzione assegnata è dotata di integrale improprio relativo alla successione invadente fissata

Esempio 4.17 *Riprendiamo in esame la funzione dell'esempio 4.10:*

$$f : y = f(x) = \frac{1}{x}, \quad x \in A = [-5, 0) \cup (0, 6]$$

che ha $x_0 = 0$ come unico punto singolare e pertanto è:

$$E^f = \{0\} \quad ed\ \overline{A} = [-5, 6].$$

Sappiamo che è una funzione generalmente continua in $\overline{A} = [-5, 6]$ *e che non è integrabile in tale intervallo.*
Vediamo se è dotata di integrale improprio relativo alla successione di plurintervalli:

$$\{P_n\} = \left\{\left[-5, -\frac{1}{n}\right] \cup \left[\frac{1}{n}, 6\right]\right\}$$

invadente $A - E^f = [-5, 0) \cup (0, 6]$.
Si ha allora:

$$\begin{aligned}
\int_{\overline{P}_n} f(x)dx &= \int_{[-5,-\frac{1}{n}]\cup[\frac{1}{n},6]} \frac{1}{x}dx = \int_{-5}^{-\frac{1}{n}} \frac{1}{x}dx + \int_{\frac{1}{n}}^{6} \frac{1}{x}dx = \\
&= [\log|x|]_{-5}^{-\frac{1}{n}} + [\log|x|]_{\frac{1}{n}}^{6} = \\
&= \cancel{\log\left|-\frac{1}{n}\right|} - \log|-5| + \log|6| - \cancel{\log\left|\frac{1}{n}\right|} = \log\frac{6}{5}.
\end{aligned}$$

Conclusione

$$\lim_{n\to+\infty} \int_{\overline{P}_n} \frac{1}{n}dx = \int_{-5}^{6} \frac{1}{x}dx = \log\frac{6}{5}$$

e pertanto la funzione assegnata è dotata di integrale improprio *relativo alla* successione invadente fissata.

I due *esempi* di *integrali impropri* esaminati rientrano in *due casi* di particolare *interesse*.
Vediamo quali!

4.18 Integrali impropri di particolare interesse

Premettiamo all'esposizione dei *casi* suddetti un *teorema* sulla *teoria dei limiti* noto come *teorema ponte* perché collega i *limiti* delle *funzioni* ai *limiti* delle *successioni*.
Enunciamolo!

Teorema 4.20 - Teorema ponte
   Data una funzione f

$$f : y = f(f) \quad , \quad x \in A \subseteq \mathbb{R} \subset \widetilde{\mathbb{R}}$$

sia x_0 un punto di accumulazione di A.

§ 4.18 Integrali impropri di particolare interesse

Se esiste
$$\lim_{x \to x_0} f(x) = l \in \widetilde{\mathbb{R}}$$

allora
comunque si fissi una successione di numeri reali $\{x_n\}$ *tale che*

1. *abbia il* codominio *contenuto in* A

2. *sia* monotòna crescente *(quindi è dotata di limite)*

3. $\lim_{x \to x_0} x_n = x_0$

risulta
$$\lim_{x \to x_0} f(x_n) = l$$

e viceversa.

Ciò premesso, diciamo quali sono i *due casi*!

Primo caso

Sia
$$f : y = f(x) \quad , \quad x \in A = [a, +\infty)$$

una *funzione continua*

Essa ha $x_0 = +\infty$ come *unico punto singolare* e pertanto è:

$$E^f = \{+\infty\} \qquad \text{ed} \qquad \overline{A} = [a, +\infty].$$

È una *funzione generalmente continua* in $\overline{A} = [a, +\infty]$ e di essa consideriamo la *funzione integrale* relativa al *punto a*:

$$F : y = F(x) = \int_a^x f(t)dt \quad , \quad x \in A = [a, +\infty].$$

Se esiste il
$$\lim_{x \to +\infty} \int_a^x f(t)dt$$

allora

comunque fissiamo una *successione monotòna crescente* $\{b_n\}$ con il *codominio* contenuto in $A = [a, +\infty)$ tale che

$$\lim_{n \to +\infty} b_n = +\infty,$$

ad essa resta *associata* la *successione di intervalli*

$$\{\overline{P}_n\} = \{[a, b_n]\}$$

invadente $A - E^f = [a, +\infty)$ ed a quest'ultima, la *successione numerica*

$$\left\{ \int_{\overline{P}_n = [a,b_n]} f(x)dx \right\} \qquad (4.46)$$

e risulta:

$$\begin{aligned}
\lim_{n \to +\infty} \int_{[a,b_n]} f(x)dx &= \lim_{n \to +\infty} \int_a^{b_n} f(x)dx = \\
&= \text{per il teorema ponte} = \\
&= \lim_{n \to +\infty} \int_a^x f(t)dt
\end{aligned} \qquad (4.47)$$

Il limite

$$\lim_{x \to +\infty} \int_a^x f(t)dt \quad ,$$

supposto che esista, viene denotato con il *simbolo*

$$\int_a^{+\infty} f(x)dx$$

ed è l'*integrale improprio* relativo a tutte le *successioni di intervalli* $\{\overline{P}_n\} = \{[a, b_n]\}$.

In altre parole:
ad ogni *successione di intervalli* $\{\overline{P}_n\} = \{[a, b_n]\}$, *invadente* $A - E^f$, corrisponde lo stesso *integrale improprio* della *funzione*.

Tale risultato non è in contraddizione con il *teorema* 4.19 perché le *successioni* $\{\overline{P}_n\} = \{[a, b_n]\}$ non sono tutte le possibili *successioni invadenti* $A - E^f$.

§ 4.18 Integrali impropri di particolare interesse

Passiamo al *secondo caso*!

Secondo caso

Spesso si ha occasione di incontrare *funzioni generalmente continue* in un *intervallo* $\overline{A} = [a,b]$ aventi un *solo punto singolare* $x_0 \in (a,b)$ *non integrabili*.

In questo caso ha interesse a volte di calcolare l'*integrale improprio* relativo alla *successione di plurintervalli* ottenuti da $[a,b]$ togliendogli un *intervallo aperto simmetrico* rispetto a x_0:

$$\{\overline{P_n}\} = \{[a,b] - (x_0 - \rho(n), x_0 + \rho(n))\} =$$
$$= \{[a, x_0 - \rho(n)] \cup [x_0 + \rho(n), b]\}$$

ove

$\{\rho(n)\}$ è una *successione di numeri positivi infinitesima*; ad esempio: $\{\rho(n)\} = \{\frac{1}{n}\}$, $\{\rho(n)\} = \{\frac{1}{n^2}\}$.

Un tale *integrale improprio*, supposto che esista, viene chiamato *integrale principale di Cauchy* e viene denotato con il *simbolo*:

$$\int_{[a,b]}^{*} f(x)dx.$$

Riassumendo il tutto possiamo scrivere:

$$\lim_{n \to +\infty} \int_{\overline{P_n}} f(x)dx = \lim_{n \to +\infty} \left(\int_a^{x_0-\rho(n)} f(x)dx + \int_{x_0+\rho(n)}^b f(x)dx \right) =$$
$$= \int_{[a,b]}^{*} f(x)dx$$

La *funzione* dell'*esempio 4.17* è dotata di *integrale principale di Cauchy*, che vale $\log \frac{6}{5}$.

Con questo il discorso è terminato, lo riprenderemo nel libro "Esercizi di calcolo di integrali e studio delle funzioni integrali".

www.ingramcontent.com/pod-product-compliance
Lightning Source LLC
Chambersburg PA
CBHW080523240526
45472CB00021BA/1754